E. Gilcher / E. Herren

Rexkaninchen

E. Gilcher / E. Herren

Rexkaninchen

Nach Berichten von Spezialzüchtern

Oertel + Spörer

Bildnachweis
Titelbild: Blau-Rexe. Foto: Sabine Rübensaat
Innenteilbilder
B&S Fotostudio S. 28, 38, 41, 42, 44, 52
Dietmar Krause S. 20, 58
Gerlinde Trinkhaus S. 40
Josef Wolters S. 30, 46, 47
Alle anderen Bilder von Dirk Wortmann

Haftungsausschluss

Die Hinweise in diesem Buch wurden von den Autoren sorgfältig recherchiert und geprüft. Es können jedoch keinerlei Garantien übernommen werden. Eine Haftung der Autoren, des Verlags und seiner Beauftragten für Personen-, Sach- und Vermögensschäden ist ausgeschlossen. Sämtliche Teile des Werks sind urheberrechtlich geschützt. Jede Verwertung außerhalb der engen Grenzen des Urheberrechtsgesetzes ist ohne die schriftliche Zustimmung des Verlags und der Autoren unzulässig und strafbar. Dies gilt insbesondere für Vervielfältigungen, Übersetzungen, Mikroverfilmungen und die Einspeicherung und Verarbeitung in elektronischen Systemen.

Bibliografische Information der Deutschen Nationalbibliothek

Die Deutsche Nationalbibliothek verzeichnet diese Publikation in der Deutschen Nationalbibliografie; detaillierte bibliografische Daten sind im Internet über http://dnb.d-nb.de abrufbar.

Postfach 16 42 · 72706 Reutlingen
6., vollständig überarbeitete Auflage

Schrift: 9/11 p Times New Roman
Lektorat: Dr. Gabriele Lehari
DTP und Repro: raff digital gmbh, Riederich
Druck und Bindung: Oertel+Spörer Druck und Medien-GmbH+Co., Riederich
Printed in Germany
ISBN 978-3-88627-760-5

Inhalt

Einleitung

Als Wirtschaftsrasse standen die Rexkaninchen früher im Zwielicht. Sie waren viel begehrt und ebenso heftig abgelehnt. Sie hatte die in der gesamten Tierzucht einmalige Erscheinung des berüchtigten Rex-Rummels ausgelöst und unter Züchtern und Nichtzüchtern die Euphorie wachgerufen, im Handumdrehen könne man reich werden. Denn das Kurzhaarfell mache außer der Gerbung keine weitere Bearbeitung nötig und komme dennoch den Edelpelzen sehr nahe. Man züchtete nicht mehr – man war zum Händler geworden. Man wollte reich werden. Der züchterische Gedanke war untergegangen. Man hatte jedes gesunde Maß verloren und hätte doch wissen sollen, dass ein Kaninchenfell stets nur ein Kaninchenfell bleibt.

Das Rexkaninchen hat eine turbulente Vergangenheit hinter sich. Dem Höhenflug übersteigerter Hoffnungen folgte die Talfahrt der Enttäuschungen. Heute bildet es neben Normal- und Langhaar als Kurzhaar die dritte Säule der Kaninchenzucht. Die unverantwortliche Vermehrung hat einer überlegten Zucht Platz gemacht. Und wenn man selbst noch nach dem Zweiten Weltkrieg glaubte, das Rexkaninchen als wertvollen Fellieferanten propagieren zu müssen: Das Rexkaninchen ist heute eine Rasse wie jede andere auch. Entscheidendes Kriterium ist das züchterische Ziel; der Gedanke an die mögliche wirtschaftliche Nutzung ist ein Teil dieses Zieles. Auch für das Rexkaninchen gilt der züchterische Grundsatz von Leistung und Schönheit – nicht mehr und nicht weniger.

Größe und Gewicht, Körperform und Bau stellen andere, höhere Anforderungen. Das Kurzhaar erzielt andere Farbeffekte. Die Übertragung reiner Farben auf das Kurzhaar ist reizvoll und auch der Leistungsgedanke verdient mehr noch als bei anderen Rassen besondere Beachtung. Es ist gewiss kein Zufall, dass es durch die Opferbereitschaft gerade der unentwegten Idealisten Höhen und Tiefen und einen Weltkrieg samt seinen katastrophalen Folgen überstand.

Die Zucht der Rexkaninchen stellt an Können und Geduld außergewöhnliche Anforderungen. Es steht daher in der Spitzengruppe der am meisten gezüchteten Rassen. Gerade die erheblichen vielfältigen Schwierigkeiten der Rexzucht sind ein Ansporn für den wirklichen Züchter, sie zu überwinden. An eine ausgesprochene Nutzzucht denkt heute niemand mehr.

Ob man das Rexkaninchen auch den Anfängern empfehlen sollte? Durchaus – wie auch jedem, der mit den nötigen Grundkenntnissen, einem jugendlichen Elan und dem unbedingten Willen zu lernen an die Sache herantritt. Der Grad der angestrebten Vollendung einer jeden Rasse bestimmt den Grad der züchterischen Schwierigkeiten. Jede Rasse ist daher schwierig zu züchten, wenn man sie zu vollenden sucht. Alle lernen und sammeln wir Erfahrungen. Entscheidend ist allein der Wille zu einer echten züchterischen Leistung. An den Rexkaninchen können sich Idealismus und Können bewähren.

Es fing im Jahre 1919 in der Ortschaft Coulongé im Département Sarthe an, als der Kleinbauer Caillon in einem Wurf hasengrauer Normandiner ein Jungtier mit einem deutlich kürzeren, samtartigen Fell entdeckte. Im zweiten Wurf der gleichen Häsin fand sich unter sechs normalhaarigen Kaninchen wieder ein Jungtier mit verkürztem Fellhaar. Das erste Tier war ein Rammler, das zweite eine Häsin.

Der Pfarrer des Ortes, Abbé Amèdée Gillet, interessierte sich für sie, übernahm die beiden Tierchen und fing an zu züchten. Im ersten Wurf fielen sechs Jungtiere – lauter Kurzhaarkaninchen mit einer dem Biber auffallend ähnlichen Farbe. Gillet kreuzte weiter und machte die überraschende Entdeckung, dass alle Nachwuchstiere kurzhaarig waren. Jedes der Tiere hatte jedoch auch irgendeinen körperlichen Fehler. Gillet aber ließ sich nicht beirren, er kreuzte Normalhaartiere ein, hatte Erfolg, und im Februar 1924 zeigte er in Paris als Castor-Rexe (= Biberkönig) erstmals sechs seiner Tiere mit seidenweichem, maulwurfähnlichem, 10 bis 15 mm kurzem Fellhaar. Sie wurden die züchterische Sensation nicht nur dieser Ausstellung, sondern des Jahrhunderts. Die Fachpresse begeisterte sich:

„Ein König unter den Kaninchen, durch die eigentümliche Sonderstellung seines Felles geadelt. Ihm steht eine große Zukunft bevor!“

Schon auf der Internationalen Pariser Ausstellung hatte es großes Aufsehen erregt. Es wurde von allen Kennern bewundert und voller Gunst aufgenommen und mit den höchsten Auszeichnungen bedacht. Es kam und siegte. Und ihm gehörte die Zukunft.

Während das Fell aller anderen Kaninchen der Kunst des Gerbers und der Technik bedarf, um aus ihm echten Pelz zu machen, bildet das Fell des Castor-Rex die natürliche Nachahmung des bearbeiteten Biberfelles, des Castor („Le Petit Fermier“). Die großen Tageszeitungen von Paris griffen dieses Ereignis auf, die Pelzindustrie wurde aufmerksam, ein propagandistischer Aufwand ohnegleichen setzte ein – das Wunderkaninchen trat seinen Siegeszug durch Europa an.

Gillet trat alle sechs Castor-Rexe an Prof. Kohler, Thumenau bei Straßburg, ab, der einem großen landwirtschaftlichen Gut vorstand. Über diesen kamen 1925 erste Rexe nach Deutschland, etwa zur gleichen Zeit auch in die Schweiz und nach Österreich. Die Importe mehrten sich. Geschäftstüchtige Händler witterten das Geschäft ihres Lebens. Sie kauften wahllos zusammen, was sich ihnen bot, und ließen die Häsinnen vier- bis fünfmal pro Jahr decken. Bereitstehenden Ammen wurden die Jungtiere untergeschoben und diese, kaum geschlechtsreif, ebenfalls zu Gebärmaschinen gemacht. Die Qualität dieser Tiere war Nebensache. Selbst für kippohrige, lange, senkrückige Tiere wurden Fantasiepreise gefordert und bezahlt. 25 bis 800 Reichsmark waren Katalogpreise – und dies wenige Jahre nach der Inflation.

In den Jahren 1926/27 erreichte der Rex-Rummel seinen Höhepunkt! Friedrich Joppich berichtete darüber:

„Kaum waren die ersten Rexe (1926) zum ersten Mal auf einer großen Ausstellung gezeigt worden, trat ein mächtiger Umschwung in der ganzen Kaninchenzucht ein. ... Vom Ausland her brach geradezu ein Sturm los. Große Transporte wurden aufgekauft; nach Skandinavien, Russland, Japan und auch Nordamerika gingen viele Tiere aller Farben. Aber im Besonderen war es England, das riesig viele Rexe in Deutschland kaufte und von dort aus wieder in alle Welt weiterverkaufte.“

Doch merkwürdig: Die Fellindustrie lehnte die Felle, da meist minderwertig, ab. Emil Piegsa berichtete, noch nicht einmal für 10 Pfennig sei man die Felle losgeworden. Der Zusammenbruch der großen Hoffnungen war die Folge. Trotzdem ließ man sich auch in den kommenden Jahren nicht entmutigen.

Man erinnerte sich des alten Sprichwortes: Gut Ding will Weile haben. Die Angelegenheit wurde überlegter angegangen. Die Felle wurden verbessert und Wert auf reinere Farben gelegt. Größe und Form waren allerdings immer noch der Willkür des einzelnen Züchters überlassen. Im Standard des Bundes Deutscher Kaninchenzüchter (Reichsverband) des Jahres 1927 erschien das Rexkaninchen unter Abt. VI als „grannenlose“ Kurzhaarrasse: *„Die Rexkaninchen sind in allen sonst anerkannten Farben zulässig.“*

Über die Züchter kam ein Farbenrausch: Bei der Weltschau 1930 in Leipzig wurden unter 3270 Kaninchen 621 Rexe in 23 Farbenschlägen ausgestellt; hinzu kamen fünf verschiedene Castor-Farbenschläge und die Lockenrexe. Anfang der 1930er-Jahre war das Rexkaninchen nach Prof. Nachtsheim die meistgezüchtete Rasse. Und noch immer wurden für ein gutes Tier Preise bis zu 1000 Reichsmark bezahlt.

1933 aber lehnte der Reichsverband die Rexe als Zuchtrasse ab. Das bedeutete zunächst Stagnation, dann Niedergang. Wer sich nicht aus Idealismus zu unserer Sache bekannte, kehrte uns den Rücken (Emil Piegsa). In den übrigen europäischen Ländern hielt aber die Rex-Schwemme bis 1938 an. In Deutschland wurden Rexkaninchen meist nur noch in den zahlreichen Pelztierfarmen gezogen.

1,0 Blau-Rexe (Hans Waldenmaier)

1936 unterschied der Reichsverband die Sport- und die Wirtschaftsrassen; diese förderte man von Staats wegen, jene verhöhnte man. „Sportfexerei" wurde zu einem unrühmlichen Schlagwort. Der Standard bewertete den Rassewert nur noch mit der halben Punktzahl, die andere Hälfte entfiel auf den Wirtschaftswert. Gefördert wurden nur die Wirtschaftsrassen.

Das Rexkaninchen, das seinen Siegeszug als Wunderkaninchen angetreten hatte und das nur einer verständnisvollen zentralen Förderung bedurft hätte, um seinen Ruf als außergewöhnliche Wirtschaftsrasse zu rechtfertigen, verfiel dem Bannstrahl. Das „Pelzkaninchen der Zukunft", dem man noch Anfang der 1930er-Jahre prophezeit hatte, es werde infolge seines durch die Natur bereits „veredelten" Haarkleides die Normalhaarrassen verdrängen und die Wirtschaftsrasse unter den Fellkaninchen werden, war zur Bedeutungslosigkeit verurteilt.

1945 begann man wieder von Neuem. Man sammelte die Reste des verbliebenen Rexmaterials ohne Rücksicht auf Form und Leistung. Eine neue Aufwärtsentwicklung setzte ein. Das Rexkaninchen hat nicht nur überlebt, vielmehr hat es sich eine Spitzenposition erobert – nicht mehr als Wirtschaftsrasse, sondern als Sportrasse. Denn heute entscheiden – anders als in jenen ereignisreichen Jahren – nicht mehr die Aussicht auf Gewinn, sondern der rassezüchterische Elan, die Kunst des Züchtens, sportlicher Ehrgeiz und Tierliebe sowie eine Organisation, welche die Rexzucht nach den modernsten Gesichtspunkten leitet, sowie der Wille, das Rexkaninchen zu vollenden. Namentlich die Bundes- Kaninchenschauen sind ein Spiegelbild dieser Entwicklung:

1,0 Lux-Rexe (Stefan Appel)

Bundes-Kaninchenschauen	1964	1966	1968	1970	1972	1974	1976	1978	1980	1982	1984	1985	1987	1990	1991	1993	1995	1997	1999	2001
Chin-Rexe	11	26	4	42	5	45	25	79	77	87	60	88	114	52	53	75	80	52	40	80
Blau-Rexe	13	93	38	183	36	125	66	127	219	101	97	185	120	83	53	126	248	159	136	108
Weiß-Rexe, RA	–	38	35	159	75	89	125	182	174	168	172	211	393	172	213	260	269	224	200	192
Weiß-Rexe, BlA	–	–	–	–	–	–	–	–	30	25	26	40	62	14	36	44	41	20	20	28
Dreifarben-Schecken-Rexe	–	–	–	5	–	17	4	25	27	59	16	59	78	14	14	8	20	20	4	14
Dalmatiner-Rexe, schwarz-weiß	–	–	–	32	48	143	66	210	214	158	133	142	340	104	133	155	166	140	176	180
Dalmatiner-Rexe, blau-weiß	–	–	–	–	–	–	–	–	–	–	–	–	4	14	14	25	20	21	25	27
Dalmatiner-Rexe, dreifarbig	–	–	–	–	–	–	–	43	–	39	16	69	46	12	38	64	68	67	76	54
Dalmatiner-Rexe, havannafarbig-weiß	–	–	–	–	–	–	-8	–	10	–	27	22	–	12	–	4	–	–	1	
Dalmatiner-Rexe, sepiabraun-weiß	–	–	–	–	–	–	–	–	–	–	–	–	–	–	–	–	–	–	–	7
Gelb-Rexe	4	27	3	32	8	20	12	41	127	87	55	100	81	32	110	52	133	120	92	54
Castor-Rexe	102	327	124	437	146	341	391	602	572	650	391	612	758	208	237	352	393	387	372	345
Schwarz-Rexe	6	23	23	61	46	73	56	129	174	207	138	149	197	105	117	124	149	169	140	120
Havanna-Rexe	9	21	11	41	14	36	18	38	23	98	28	78	83	16	44	44	40	44	92	84
Blaugrau-Rexe	–	–	–	–	–	–	–	–	–	–	–	–	–	–	–	8	9	8	12	18
Rhön-Rexe	–	–	–	–	–	–	–	–	–	–	–	–	–	–	–	–	–	–	–	23
Feh-Rexe	–	–	–	13	8	39	44	100	96	72	56	73	102	45	52	24	73	34	49	28
Lux-Rexe	34	102	62	118	54	104	102	157	191	124	124	168	193	62	107	96	169	94	92	100
Loh-Rexe, schwarz	–	–	–	–	–	–	12	8	–	65	30	100	92	37	50	24	38	44	28	40
Loh-Rexe, blau	–	–	–	–	–	–	–	–	–	–	–	8	12	12	–	8	–	4	–	4
Loh-Rexe, braun	–	–	–	–	–	–	–	–	–	–	–	–	3	–	–	–	–	–	–	–
Marder-Rexe, braun	–	10	4	29	20	56	48	162	112	109	16	57	81	35	52	53	53	48	60	52
Marder-Rexe, blau	–	–	–	–	–	–	–	–	–	–	46	89	126	46	65	64	64	56	48	60
Russen-Rexe, schwarz-weiß	–	–	–	–	–	–	4	8	–	–	11	12	19	4	12	16	28	17	44	24
Russen-Rexe, blau-weiß	–	–	–	–	–	–	–	–	–	–	–	–	–	–	4	–	–	–	–	–
Rexzwerge von 1976 bis 1982																				
(Zwerge aller Rassen)	–	–	–	–	–	–	6	11	–	10	–	–	–	–	–	–	–	–	–	–
chinfarbig	–	–	–	–	–	–	–	–	–	–	–	–	–	–	–	–	–	–	1	–
blau	–	–	–	–	–	–	–	–	–	–	–	–	–	–	–	–	–	–	–	14
weiß RA	–	–	–	–	–	–	–	–	–	–	–	–	–	–	–	–	8	13	13	8
weiß BlA	–	–	–	–	–	–	–	–	–	–	–	–	–	–	–	–	–	–	–	4
dalmatinerf. schwarz-weiß	–	–	–	–	–	–	–	–	–	–	–	–	–	–	–	–	4	20	104	53
gelb			–	–	–	–	–	–	–	–	–	–	–	–	–	–	4	4	3	12
castorfarbig	–	–	–	–	–	–	–	–	–	3	4	6	20	13	8	18	32	57	54	60
schwarz	–	–	–	–	–	–	–	–	–	4	–	–	–	–	3	4	2	20	14	34
havannafarbig	–	–	–	–	–	–	–	–	–	–	–	–	–	–	–	–	4	–	–	–
blaugrau	–	–	–	–	–	–	–	–	–	–	–	–	–	–	–	–	–	–	2	–
rhönfarbig	–	–	–	–	–	–	–	–	–	–	–	–	–	–	–	–	–	–	–	13
marderfarbig braun	–	–	–	–	–	–	–	–	–	–	–	–	–	–	4	–	–	–	–	2
lohfarbig schwarz	–	–	–	–	–	–	–	–	–	–	–	–	–	–	–	–	–	–	–	4
russenfarbig	–	–	–	–	–	–	–	–	–	2	–	–	–	–	–	–	–	–	10	–

Gewicht, Größe, Körperform

An die Stelle des wirtschaftlichen Denkens ist der Gedanke an die Leistung getreten. Sie ist primäres Zuchtziel, wie es auch bei allen anderen Kaninchenrassen sein sollte. Die Leistung hat gerade bei einer Rasse Vorrang, die fälschlicherweise noch immer in dem Ruf steht, in den Leistungseigenschaften zu versagen.
Die Merkmale Gewicht, Größe und Körperform sind in dieses Zuchtziel mit einzubeziehen; sie dürfen nicht einer willkürlichen Auslegung unterliegen.

Es ist nun die Frage, welches Gewicht den besten Leistungseigenschaften entspricht. Rein wirtschaftliche Erwägungen sind auszuschließen; dennoch werden die Fellgröße, das Verhältnis von Fleischertrag und unverwertbarem Anteil, Wurfgröße, Frohwüchsigkeit, Aufzuchtvermögen, Futterverwertung und so weiter nicht zuletzt von der Größe einer Rasse abhängig sein. Wo der Züchter es in der Hand hat, diese Größe nach den bestmöglichen Leistungseigenschaften zu bestimmen, sollte er es tun.

Gewicht

Es ist viel geredet und geschrieben worden über das Gewicht der Rexkaninchen im Allgemeinen. Eine Gewichtsanhebung vor Jahren war notwendig und längst überfällig. Diese Anhebung wurde zum Teil heftig diskutiert und fand auch, was zu erwarten war, nicht die volle Unterstützung aller Züchterinnen und Züchter.
Nun ist das Rexkaninchen aufgrund seiner Feingliedrigkeit nicht gut geeignet, überflüssiges Gewicht zulasten einer guten Körperform und Haltung zu tragen. Gerade was das Verhältnis von Größe und Gewicht angeht, ist das Rexkaninchen in seiner Rassevielfalt untereinander nicht vergleichbar. Es soll hier nicht gleich wieder nach einer Neuregelung der Gewichtstabelle gerufen werden. Die Obergrenze von 4,5 kg Gewicht sollte grundsätzlich unberührt bleiben. Bei wenigen Rexrassen, zum Beispiel bei den Feh-Rexen, Lux-Rexen, Loh-Rexen und Russen-Rexen, ist die Gewichtsgrenze mit 4,5 kg aus Sicht der Züchterschaft zu hoch angesetzt. Viele fachlich geführte Diskussionen mit den Züchtern dieser Rassen ergaben eindeutig die Erkenntnis, wenn man die Rassen an das Gewicht von 4,5 kg heranzüchtet, gehe dies zulasten der körperlichen Verfassung.

Im Folgenden sind die bisherigen Gewichtstabellen aufgeführt. Hierbei handelt es sich um eine reduzierte Gewichtsskala beginnend bei 17 Punkten.

Gewichtsbewertung (schwerere Klassen)				
bis 3,00 kg	bis 3,25 kg	bis 3,50 kg	über 3,50 kg	Höchstgewicht 4,50 kg
17 Punkte	18 Punkte	19 Punkte	20 Punkte	

Gewichtsbewertung (leichtere Klassen)				
bis 2,625 kg	bis 2,75 kg	bis 3,00 kg	über 3,00 kg	Höchstgewicht 4,00 kg
17 Punkte	18 Punkte	19 Punkte	20 Punkte	

Vorschlag für die Vereinheitlichung der Gewichtsbewertung			
bis 2,75 kg	bis 3,00 kg	bis 3,25 kg	über 3,25 kg Höchstgewicht 4,50 kg
17 Punkte	18 Punkte	19 Punkte	20 Punkte

Körperform

Doch nicht das Gewicht ist entscheidend. Bekanntlich kann ein kleineres gemästetes Kaninchen ebenso schwer sein wie ein größeres nach einer Entziehungskur. Wesentlich ist neben dem Gewicht der richtige erbbedingte Rahmen.

Die **Walzenform** bietet für die Entwicklung von Herz und Lunge den größeren Raum. Und sie ist gerade bei einem Kurzhaarkaninchen die ästhetisch gefälligste Form.

Der Standard fordert daher eine kräftige, schön gerundete, mittellange Form mit einer möglichst gleich breiten Brust und Hinterpartie. Sie ist dann richtig, wenn der Rumpf, von hinten gesehen, nahezu wie ein Quadrat mit abgerundeten Ecken erscheint, von oben und von der Seite gesehen sich nach keiner Seite birnenförmig verjüngt. Der Körper ist leicht gestreckt und walzenförmig, die Rückenlinie verläuft ebenmäßig. Vor allem sollte in der gesamten Rexzucht die Reinerbigkeit auch bei Größe und Form beachtet werden.

Ein von hinten nach vorn konisch zulaufender Rumpf, der eine spitze Brust und in der Regel einen spitzen Kopf zur Folge hat, ist ebenso abzulehnen wie eine blockige Form des Rumpfes. Deshalb sollten auch der Rücken gut ausgeformt und gerundet, das Becken geschlossen, gut aufgesetzt, mittelhoch und gerundet, die Schulter gut bemuskelt, geschlossen und nicht zu lose, die Bauchlinie gut aufgezogen und gut sichtbar sein (kein Hängebauch!). Die oft auftretenden Bauchwammen quer und längs sind weder notwendig noch erwünscht. Tiere mit solchen Erscheinungen sollten aus der Zucht genommen werden. Bei aufgestellten Vorderläufen soll Bodenfreiheit herrschen. Der Hals ist leicht sichtbar angedeutet, doch ist dies mehr eine Folge des Kurzhaarfelles.

Der **Kopf** entspricht in Größe und Form der des Körpers. Dabei sind eine breite Stirn, eine breite Schnauze und eine kräftige Backenpartie wesentlich. Durch das kurze Haar erscheint der Kopf insgesamt etwas länger als bei entsprechenden Normalhaarrassen. Keinesfalls darf er zu klein oder spitz sein, denn dadurch würde der Eindruck des spitzen Vorderkörpers noch verstärkt werden.

Um keine unterschiedliche Auslegung zuzulassen, fordert der Schweizerische Standard einen auf dem Rumpf fest aufsitzenden markanten Kopf.

Der Kopf der Häsin ist schlanker und zierlicher, ohne spitz zu sein. An der Form des Kopfes sollen die Geschlechter zu erkennen sein.

Die **Ohren** sind kräftig, fleischig, straff aufgerichtet und gut behaart. Länge und Breite sollen harmonisch zum Körper passen. Ebenfalls als eine Folge des Kurzhaares scheinen sie im Vergleich zu den Ohren der Normalhaarrassen etwas länger.

Die **Vorderläufe** seien mittellang, kräftig, gerade, nicht ausgetreten, die **Hinterläufe** kräftig, sie sollen sich parallel zum Körper bewegen.

Die **Blume** wird anliegend und hoch getragen und ist gerade.

An die Form des Rexkaninchens sollte der Züchter selbst sehr hohe Anforderungen stellen. Denn schon ein Normalhaarkaninchen mit unharmonischen Formen wirkt unschön und keine Farbe oder Zeichnung wird ein gestörtes ästhetisches Empfinden besänftigen. Ungleich schwerer hat es der Rexzüchter, denn das Kurzhaarfell stellt selbst die kleinsten Mängel der Form zur Schau, die ein normales Fell verdeckt. Die früher durchweg unschönen Formen der Rexe verleiteten ihre Züchter zu der Ansicht, Rexkaninchen seien in erster Linie Fell- und Farbenkaninchen und die Körperform sei zweitrangig. Der Standard aber kennt keinen Unterschied.

Die Position „Körperform und Bau" wird bei allen Rassen mit der höchsten Punktzahl bewertet. Auf das Kurzhaar ist Rücksicht zu nehmen. Das kann aber nicht heißen, dass unharmonische Körperformen übersehen werden dürfen. Eine gute Körperform ist gerade bei einem Rexkaninchen entscheidend.

Die Schönheit des Körpers ist nicht zuletzt eine Folge der **Kondition.** Eine ausgewogene Fütterung und reichliche Bewegung in Luft und Sonne (Gehegehaltung!) sind unerlässlich. Jeder Züchter weiß dies aus der Erfahrung, die er mit seinem eigenen Körper macht. So wie unter den Menschen gibt es auch unter den Kaninchen alle Übergangsformen. Auf eine „sportliche" Kondition auch unserer Rexkaninchen kommt es an!

Nicht übersehen werden darf die **Wamme** der Häsin. Der Standard gestattet bei den Rexrassen eine kleine, schön geformte sogenannte Schwalbennestwamme. Selbstverständlich ist eine Wamme weder Zierde noch Kennzeichen besonderer Wirtschaftlichkeit, weder notwendiges Übel noch Nahrungsreservoir oder der Funktion eines Kamelhöckers vergleichbar. Die Wamme, eine gefüllte Querfalte der Halsfellhaut, ist eine Domestikationserscheinung und wird auch bei anderen Haustieren beobachtet.

Die Wamme – oder vielmehr deren Anlage – ist erbbedingt. Sie bedarf zu ihrer Ausbildung auslösender Einflüsse wie weibliches Geschlecht, Alter, unsachgemäße, meist breiige Fütterung usw. Eine genetische Veranlagung kann also durchaus vorhanden sein, doch braucht sie nicht in Erscheinung zu treten. Leider unterliegt die Wammenbildung der Dominanz und der sogenannten polyfaktoriellen Vererbung, ähnlich etwa der Silberung des Silberkaninchens. Je nach Anzahl der einzelnen gleich gerichteten und geringfügig wirksamen Faktoren, die von Vater und Mutter übertragen werden, können bei entsprechenden auslösenden Momenten alle möglichen Wammengrößen und -formen auftreten. Diese Anlagen summieren sich. Daher sind sie zu verdünnen oder völlig zu verdrängen. Der Züchter wird daher am besten Wammenträger von der Zucht ausschließen.

Aussortieren sollte man auch die schon erwähnten Tiere mit einer deutlichen Bauchwamme. Da es bereits wammenlose Stämme gibt, sollte sich jeder Züchter dazu aufgerufen fühlen.

Fehlerhafte Abweichungen in Position 2 „Körperform, Typ und Bau"

Vorbemerkung: Biss- oder Risswunden an Kopf und Ohren sowie anatomische Veränderungen an Kopf und Ohren einschließlich der Augen und der Kauwerkzeuge sind bei allen Rassen in der Position 2 „Körperform und Bau" zu ahnden.

Vorbemerkung zu Wammenfehlern: Grundsätzlich sind Wammenfehler rassespezifisch zu beurteilen.

Leichte Fehler bezogen auf alle Rassen

Schmaler oder nach vorne verjüngter Körper, schmale Brust, langer Hals. Hervortreten der Schulterblätter, abstehende Hinterschenkel, Hautfalten an den Hinterschenkeln, abfallende, eckige (durch vorstehende Hüftknochen!) oder spitz verlaufende Hinterpartie, schmales Becken; lose Schultern, Knick hinter den Schulterblättern; Erhöhungen oder Vertiefungen in der Rückenlinie; Hängebauch; nicht parallel zum Körper stehende Hinterläufe; leichtes Durchtreten; schwache und dünne Vorderläufe; spielende, schleppend getragene, an der Spitze etwas krumme oder gebrochene, in der Länge nicht dem Körper entsprechende Blume; lose am Körper sitzendes Fell, schwache Kopfbildung, spitze Schnauze, schmale Stirn; tief liegende Augen; breite oder flattrige, faltige, schlecht abgerundete oder leicht gekippte Ohren; kurze oder lange, nicht der Körpergröße entsprechende Ohren.

Kleine Biss- oder Risswunden an Kopf und Ohren; Hängehoden, leicht gespaltener Penis. Etwas große Wamme bei allen großen und mittelgroßen Rassen (außer Hasen), Wammenansatz bei den Hasen und allen kleinen Rassen. Bei älteren Häsinnen ist Wammenansatz zulässig (zu den Zwergrassen siehe auch „Schwere Fehler“). Leichter Kinnknoten bei Rammlern.

Schwere Fehler bezogen auf alle Rassen

Vollständige Abweichung vom Typ, starke Abweichung im Verhältnis von Länge, Breite und Tiefe des Rumpfes (außer bei Hasenkaninchen), ausgesprochener Steilrücken; X- oder O-Beine, starkes Durchtreten der Vorderläufe, starke Kuhhessigkeit, körperliche Missbildungen und schwere Verstümmelungen; Biss- oder Risswunden an Kopf oder Ohren bei großen und Mittelrassen von mehr als 15 mm, bei den kleinen Rassen von mehr als 10 mm und bei den Zwergrassen von mehr als 5 mm Länge. Verletzungen, die während der Ausstellung verursacht werden, bleiben unberücksichtigt.

Starker Kinnknoten; schiefe Blume, weniger als die Hälfte der normalen Länge der Blume, Kieferdeformationen, Zahnanomalien, Tränenabflussstörungen; Überwachsen der Flügelhaut bei einem oder beiden Augen.

Ausgeprägter Rammlerkopf bei der Häsin, Häsinnenkopf beim Rammler, anatomische Augenfehler jeglicher Art; starke Kipp- oder Hängeohren, außer bei den Widderrassen; Fehlen einer oder beider Hodentaschen, Schlepphoden, völlig gespaltener Penis, an der Spitze angewachsener Penis; Fehlen einer oder mehrerer Krallen mit Ausnahme der Daumenkrallen; die Daumenkralle bleibt unberücksichtigt, wenn sie fehlt oder andersfarbig ist. Zottel-, Bein-, Bauch- oder Doppelwamme bei allen Rassen, schiefe oder stark ausgeprägte Wamme bei allen Rassen. Wamme bei den Hasen und allen kleinen Rassen. Ausnahmen lediglich bei älteren Häsinnen der Rassen Hasen, Klein-Schecken, Separator, Deutsche Klein-Widder, Klein-Chinchilla, Deilenaar, Marburger Feh, Sachsengold und Rhönkaninchen, bei denen als Folge ihres etwas höheren Gewichtes eine kleine Wamme als leichter Fehler zu bewerten ist. Wammenansatz bei Zwerg-Widdern, Hermelin, Farbenzwergen, Zwerg-Rexen und Fuchszwergen. Wamme und Wammenansatz bei Rammlern aller Rassen.

Schwere Fehler führen immer zum Ausschluss aus der Zucht.

Das Fell

Es ist das spezifische Rassekennzeichen aller Rexkaninchen: ursprünglich ein „grannenloses", maulwurfähnliches, seidenweiches Fell, das lichtecht und gerbfest ist und erwiesenermaßen in verarbeitetem Zustand auch nach Jahren nichts von seiner Qualität und Farbintensität verliert, sofern sich die Gerberei und Zurichterei auf die Verarbeitung von Rexfellen versteht. Pelzwaren aus Rexfellen sind auch heute noch exzellente Stücke und die Pelzwarenindustrie könnte sicher gewonnen werden, stünde ihr ein entsprechend großes und einheitliches Sortiment guter Felle zur Verfügung.

Gute Felle aber behalten unsere Züchter in der Regel selbst, auch wenn es Jahre dauert, bis für eine Jacke oder einen Mantel 40 oder 70 Felle in möglichst einheitlichen Farben vorliegen. Mit einzelnen Fellen aber kann die Pelzwarenindustrie nichts anfangen. Sie interessiert sich auch kaum für Rexfelle, zumal meist nur Sommerfelle angeboten werden. So aber war es schon immer. Ein bekannter Rexzüchter der 1930er-Jahre riet einer Dame, die einen Mantel aus Chin-Rex wollte, sich an die größten Veredlungsfirmen in Leipzig und Rötha zu wenden. Sie tat es. Das Ergebnis: Man hatte entweder keine Felle oder nur Schneideware. Von der bedeutendsten Firma wurden ihr zwei Rexfelle von Jungtieren vorgelegt. Preis je Stück: 1,50 Reichsmark.

Dabei eignet sich das Rexfell in der Tat vorzüglich zur Verarbeitung. Die langen, spröden Grannen des Normalfelles brechen leicht, das Pelzwerk wird unansehnlich, ja hässlich, und die Wollhaare werden leicht abgeschabt. Daher wird es durchweg veredelt, das heißt geschoren, gerupft und gefärbt. Dagegen ist die kurze, weiche Granne des Rexfelles elastisch, bricht nicht, verleiht jedem Pelzstück einen beständigen Glanz und verhindert ein Abscheuern der Wollhaare.

Ein gutes Rexfell ist fast unverwüstlich. Es trägt nicht auf, ist warm und leicht. Selbst Felle von zweiter und dritter Qualität eignen sich noch als Pelzfutter.

Die Haarlänge

Das Rexfell verdankt seine Entstehung einer krankhaften Mutationsveränderung eines ganzen Merkmalkomplexes. *„Die primäre, durch die Mutation hervorgerufene Veränderung scheint eine vom Normalen abweichende innere Sekretion zu sein. Diese Abänderung hat dann sekundär die Veränderung des Haarkleides und andere Besonderheiten im Gefolge"* (Prof. Nachtsheim in: Vom Wildtier zum Haustier, Berlin, 1949, und folgende).

Augenfälligstes Merkmal ist – ebenfalls nach Nachtsheim – *„die Verkürzung der gesamten Haare, vor allem die mehr oder weniger starke Rückbildung der Grannenhaare"*. Bei seinen Untersuchungen hatte Nachtsheim 1926 unter anderem festgestellt, dass das Längenverhältnis vom Grannen- zum Wollhaar erheblichen Schwankungen unterworfen ist. Auch eine zwischen den einzelnen Tieren sehr unterschiedliche Haarentwicklung hatte er beobachtet. Der Nachteil der krankhaften Veränderung der Sekretion würde zum Teil aufgewogen durch die Einkreuzung eines etwas längeren und grannenreicheren Haares.

Der bekannte Berliner Kaninchenzüchter Artur Mette griff Nachtsheims Anregung auf und propagierte die sogenannte Berliner oder Mette-Richtung mit einer leicht sichtbaren

Granne. Es war die im Standard von 1930 geforderte Fellhaarlänge von 16 bis 25 mm, die von den Grannen bis zu 3 mm überragt werden konnte. Mit der Verlängerung des Fellhaares hat eine natürlichere und gesündere Zuchtrichtung ein- und sich durchgesetzt; die sogenannte Plüsch-Richtung verschwand. Die Fellhaarlänge war wohl noch Veränderungen unterworfen, ja selbst eine Haarlänge von 30 bis 35 mm wurde vorgeschlagen. Der heutige Standard bestimmt wohl endgültig eine Länge des Rückenhaares von 17 bis 20 mm. Die Grannen schließen mit dem Wollhaar gleich hoch ab oder dürfen es höchstens um 1 mm überragen.

Es darf nicht übersehen werden, dass die angegebene Länge ein Normalmaß ist. Geringe Über- und Unterschreitungen sind statthaft, zumal die größeren Rassen naturgemäß ein längeres, die kleineren dagegen ein kürzeres Fellhaar besitzen. Wesentlich ist nur, dass der Kurzhaarcharakter eindeutig in Erscheinung tritt. Auch wird die Haarlänge nicht gemessen, sondern geschätzt. Anfängern sei daher geraten, einige ausgezupfte Rückenhaare von Rexkaninchen zu messen, um das Auge an die richtige Länge zu gewöhnen.

Unterwolle und Deckhaar

Jedes Fell hat die natürliche Aufgabe, seinen Träger vor extremen Temperaturen, Feuchtigkeit und Regen sowie vor Verletzungen zu schützen. Für den Temperaturausgleich sorgt das sehr feine und dichte Wollhaar, für den Schutz – auch der Unterwolle – das Deckhaar oder die Grannen. Auch das Kurzhaarfell ist daher in den Po-

0,1 Rhön-Rexe

sitionen Unterwolle, Deckhaar und Fellzustand zu bewerten.

Wesentliches Kriterium der Unterwolle ist ihre Dichte. Ein gutes Fell muss sich griffig anfühlen; man muss etwas in der Hand haben. Eine Fellprobe lässt dies feststellen: Man streicht mit der flachen Hand über das senkrecht zum Haarboden stehende Kurzhaar. Es hat dann die nötige Dichte, wenn es förmlich in die Ausgangslage zurückspringt. Der Haarboden sollte dabei möglichst nicht oder kaum sichtbar werden. Die Grannen des Kurzhaarfelles sind nicht nur kürzer als bei Normalhaar, sondern auch feiner und elastischer. Deshalb wirkt Kurzhaarfell weich wie Samt. Die Begrannung soll möglichst gleichmäßig über das ganze Fell verteilt sein; vor allem stehe sie in einem angemessenen Verhältnis zu den Wollhaaren.

Ein grannenarmes Fell oder eines mit zu kurzer Granne ist weich und flatterig. Beim Niederdrücken mit der flachen Hand verbleibt es in seiner neuen Lage. Dagegen bewirkt eine gegenüber dem Wollhaar zu reichliche Begrannung ein hartes, raues, borstiges Fell; es erscheint unschön. Beide Felle sind fehlerhaft.

Haaranomalien

Von einem guten Kurzhaarfell ist zu erwarten, dass es völlig ausgehaart ist, sich also in einem guten Zustand befindet und den ganzen Körper ohne **Kahlstellen** bedeckt. Absterbendes oder abgestorbenes Haar ist von weißem oder hellem Haar dadurch zu unterscheiden, dass nur die Haarspitzen leicht aufgehellt sind; von dunklem unterscheidet es sich durch Rost. Außerdem ist abgestorbenes Haar leicht zu entfernen, wenn man mit angefeuchteter Hand über das Fell streicht. Ausstellungstiere verlieren ihren Wert durch einige lose Haare nicht; vielmehr müssen schon Kahlstellen auf stärkeren Haarausfall hindeuten.

Eine weitere Haaranomalie ist die **Locken- und Kräuselbildung,** die in unseren Stämmen nur noch vereinzelt auftritt, sich namentlich im Nackenkeil und am Bauch (Geschlechtspartie) durch Wirbel oder Locken zu erkennen gibt und von der man sich in den 1920er- und 1930er-Jahren zur Zeit des Rex-Rummels ebenfalls Wunderdinge versprach. Genannt seien die Woll-Rexe Friedrich Joppichs mit gekräuseltem dunkelbraunem Fellhaar, für die man sich in der Schweiz stark interessierte, die Wiener Perserkaninchen mit ebenfalls gekräuseltem blaugrauem bis hellsilberblauem Fell und in England die Ast-Rexe (= Astrachan-Rexe). Bis auf die Ast-Rexe mit dichtem, eng gelocktem, nicht nur gekräuseltem Haar sind die übrigen Locken-Rexe verschwunden.

Unsere Rexkaninchen pflegen nicht selten auf stärkeren Witterungsumschwung mit **Haarwechsel** zu reagieren. Bei Kälteeinbruch setzt die Produktion von Wollhaaren ein, der Haarungsprozess beginnt. Ebenfalls anders als bei den Normalhaarrassen verläuft die Entwicklung des Haarkleides.

Eine weitere unangenehme Überraschung der Rexzucht war und sind zum Teil noch die **Kahlstellen,** in extremen Fällen Wunden und Entzündungen, **an den Fußsohlen,** meist in der Gegend der Fersen.

Natürlich hat man sich Gedanken gemacht, wo diese oder andere unerwünschte Erscheinungen herrühren könnten. Sie sind eine Folge des jahrelangen Raubbaues, der in den 1920er- und 1930er-Jahren wider alle Vernunft mit dem Rexkaninchen betrieben wurde. Nur allzu gern war man geneigt, für alle unliebsamen Überraschungen die Degeneration verantwortlich zu machen.

Professor Nachtsheims Arbeiten seit 1925 haben damals aber ergeben, dass die ursprüngliche Mutation einen ganzen Merkmalkomplex erfasst hat, die, wie erwähnt, primär eine Abänderung der inneren Sekretion vom Normalen bewirkt. Die sekundäre Folge dieser Abänderung sei gewiss auch eine Veränderung des Haarkleides, vor allem aber *„gewisse Konstitutionsschwächen und Stoffwechselstörungen. Die Rexkaninchen werden mit geringerem Gewicht geboren als Normalhaarkaninchen, die Sterblichkeit der Jungen ist größer, sie sind besonders anfällig gegen Erkrankungen der Luftwege, gegen Rachitis und gewisse Augenkrankheiten, sie sind schlechtere Futterverwerter als normalhaarige Tiere"* (Nachtsheim).

Es ist kein Zweifel möglich: Die bekannten krankhaften Veränderungen waren eine Folge der Mutation. Nachtsheim selbst hatte zur Prüfung einen Rex-Rammler mit einer normalhaarigen Häsin gepaart und die Häsinnen der F_1-Generation an den Rammler zurückgepaart. Entwicklungsschwächen machten sich nur bei den reinerbigen Rexkaninchen der F_2-Generation bemerkbar, nicht aber bei den reinerbigen und spalterbigen Normalhaartieren, obwohl der Grad der Inzucht bei allen Tieren gleich war.

Von einem ähnlichen Versuch berichtet Theo Balkenohl, Arnsberg (DKZ 9/65): Er habe einen Normalhaarrammler mit tränenden Augen mit einer völlig gesunden Rex-Häsin gepaart. Die F_1-Generation war, wie zu erwarten, normalhaarig und ebenfalls völlig gesund. Die F_1-Tiere paarte er untereinander. In den Würfen dreier Häsinnen der F_2-Generation befanden sich je ein bis zwei Tiere, deren Augen nach drei bis vier Wochen verklebt waren. Sie waren alle kurzhaarig.

Fehler

Leichte Fehler sind eine größere Wamme, leichte Wirbel- und Lockenbildung in der Decke (ausgenommen Keil und Bauch), leicht überstehende Grannen und etwas dünnes und weiches Haar.

Zu den schweren Fehlern zählen zu kurzes oder zu langes Haar, sehr lange Begrannung und starke Wirbel- oder Lockenbildung in der Decke.

Zusätzliche Fehler sind bei der Beschreibung der einzelnen Rexrassen aufgeführt.

Die Farben

Bei den Rexkaninchen und auch bei den Zwerg-Rexen werden viele verschiedene Farbenschläge anerkannt. Eigentlich handelt es sich dabei aber um jeweils eigene Rassen, innerhalb derer es dann teilweise wiederum verschiedene Farbenschläge gibt, wie zum Beispiel bei den Dalmatiner-Rexen.

Nach dem Standard sind heute (Stand 2013) die folgenden Rassen bzw. Farbenschläge bei den **Rexkaninchen** anerkannt:

Chin-Rexe (ChRex)
Blau-Rexe (BlRex)
Weiß-Rexe Rotaugen (WRex RA)
Weiß-Rexe Blauaugen (WRex BlA)
Dreifarben-Schecken-Rexe (DrfSchRex)
Dalmatiner-Rexe, dreifarbig (DRex dreif)
Dalmatiner-Rexe, schwarz-weiß (DRex schw-weiß)
Dalmatiner-Rexe, blau-weiß (DRex bl-weiß)
Dalmatiner-Rexe, havannafarbig-weiß (DRex hav-weiß)

Dalmatiner-Rexe, sepiabraun-weiß
(DRex sepiabr-weiß)
Gelb-Rexe (GRex)
Castor-Rexe (CRex)
Schwarz-Rexe (SchwRex)
Havanna-Rexe (HavRex)
Blaugrau-Rexe (BlgrRex)
Rhön-Rexe (RhRex)
Feh-Rexe (FRex)
Lux-Rexe (LRex)
Loh-Rexe, schwarz (LohRex schwarz)
Loh-Rexe, blau (LohRex blau)
Loh-Rexe, havannafarbig (LohRex hav)
Loh-Rexe, fehfarbig (LohRex fehf)
Marder-Rexe, blau (MRex blau)
Marder-Rexe, braun (MRex braun)
Russen-Rexe, schwarz-weiß
(RRex schw-weiß)
Russen-Rexe, blau-weiß (RRex bl-weiß)
Japaner-Rexe (JRex)

Folgende Rassen sind zurzeit (Stand 2013) als Neuzüchtung zugelassen:
Thüringer-Rexe (ThRex)
Hotot-Rexe (WHRex)

In den Niederlanden, England und auch Frankreich gibt es noch Seal-, Zobel- und Holländer-Rexe, um nur einige zu nennen.

Die **Schwarzgrannen-Rexe** sind eine zugelassene Neuzüchtung, warten aber schon seit vielen Jahren auf die Anerkennung. Daher wird im Folgenden auf diese Rexe nicht näher eingegangen.

Eine Sonderstellung nehmen die **Klein-Rexe, luxfarbig (KlRex)** ein. Sie sind erst seit Februar 2013 als Neuzüchtung zugelassen und stellen sozusagen einen Übergang zu den Zwerg-Rexen dar.

Die **Zwerg-Rexe (ZwRex)** gibt es in den folgenden anerkannten Farbenschlägen:
Zwerg-Rexe, weiß Rotaugen
(ZwRex weiß RA)
Zwerg-Rexe, weiß Blauaugen
(ZwRex weiß BlA)
Zwerg-Rexe, chinchillafarbig (ZwRex chin)
Zwerg-Rexe, blau (ZwRex blau)

Ein Wurf der als Neuzüchtung zugelassenen Klein-Rexe, luxfarbig

Zwerg-Rexe, dreifarbenschecken
(ZwRex drfsch)
Zwerg-Rexe, dalmatiner dreifarbig
(ZwRex dalm dreif)
Zwerg-Rexe, dalmatiner schwarz-weiß
(ZwRex dalm schw-weiß)
Zwerg-Rexe, dalmatiner blau-weiß
(ZwRex dalm bl-weiß)
Zwerg-Rexe, dalmatiner havannafarbig-weiß (ZwRex hav-weiß)
Zwerg-Rexe, gelb (ZwRex gelb)
Zwerg-Rexe, castorfarbig (ZwRex castor)
Zwerg-Rexe, schwarz (ZwRex schw)
Zwerg-Rexe, havannafarbig (ZwRex hav)
Zwerg-Rexe, blaugrau (ZwRex blaugrau)
Zwerg-Rexe, rhönfarbig (ZwRex rhönf)
Zwerg-Rexe, fehfarbig (ZwRex fehf)
Zwerg-Rexe, luxfarbig (ZwRex luxf)
Zwerg-Rexe, lohfarbig schwarz
(ZxRex lohf schwarz)
Zwerg-Rexe, lohfarbig blau
(ZwRex lohf blau)
Zwerg-Rexe, lohfarbig havannafarbig
(ZwRex lohf hav)
Zwerg-Rexe, lohfarbig fehfarbig
(ZwRex lohf fehf)
Zwerg-Rexe, marderfarbig braun
(ZwRex marderf braun)
Zwerg-Rexe, marderfarbig blau
(ZwRex marderf blau)
Zwerg-Rexe, russenfarbig schwarz-weiß
(ZwRex russenf schw-weiß)
Zwerg-Rexe, russenfarbig blau-weiß
(ZwRex russenf bl-weiß)

Der folgende Farbenschlag gilt zurzeit (Stand 2013) als zugelassene Neuzüchtung:
Zwerg-Rexe, japanerfarbig (ZwRex jap)

Da der Rexfaktor rezessiv ist, war es einfach, ihn in den einzelnen Zuchtstämmen zu verankern. Denn die Nachkommen zweier Tiere mit Kurzhaarfaktor werden ebenfalls nur reinerbig kurzhaarig sein.

Ähnlich ist es bei der Kombination der Farbe. Ausgangstiere der Urrexe waren bekanntlich hasengraue Normandiner. Die Farbe Hasengrau ist genetisch Wildgrau mit Rotverstärkern, die das Hasenkaninchen und mehr noch das Rote-Neuseeländer-Kaninchen auszeichnen und die auch beim Wildkaninchen durch eine mehr oder weniger deutliche Gelbfärbung zu erkennen sind.

Die Wildfarbe aber ist die dominanteste Farbe, die es gibt. Jede andere Farbe ist gegenüber der Wildfarbe rezessiv. Die Farbkombination bot also ebenfalls kaum Schwierigkeiten, zumal die einzelnen Farben bis auf eine Ausnahme bereits vorhanden waren. Es nimmt daher nicht wunder, dass bereits Prof. Kohler, Thumenau, Rexe in Rot, Schwarz, Weiß und Silbergrau besaß und dass wenig später Rexkaninchen in einer bunten Palette unterschiedlicher Farben gezüchtet wurden. Vereinheitlicht und geblieben sind die genannten und genetisch reinerbigen Farben. Eine weitere Zersplitterung würde die Zuchtgrundlage erheblich einschränken und mit ihr die Rexzucht insgesamt gefährden.

Die einzelnen Farben sind auf Kurzhaar sehr reizvoll. Gerade dies war früher der Anlass zu einer geradezu enthemmten Farbenzucht. Hinzu kommt, dass die Farbeffekte auf Kurzhaar gegenüber jenen auf Normalhaar zum Teil nicht unerheblich differieren. Grund ist die geringere Breite der Zwischenfarbe und die nicht oder nur wenig überstehenden Grannen. Dies führte übrigens zu dem wiederholt gemachten Vorschlag, für jeden Farbenschlag eine eigene Rassebeschreibung einzuführen.

Zucht und Haltungsbedingungen

Für eine gute Zucht müssen bestimmte Voraussetzungen erfüllt werden. Hierzu gehört zunächst einmal eine Stallanlage, die von ihrer Buchtengröße auf die jeweilige Rasse zugeschnitten sein sollte und somit für Behaglichkeit und Wohlbefinden sorgt. Beim Bau einer Stallanlage ist darauf zu achten, dass keine Verletzungen durch von oben offene Futterraufen oder scharfkantige Ecken entstehen können. Die Buchtengröße bei der Mittelrasse sollte mindestens 60 x 60 cm haben und nicht unterschritten werden.

Bei den Zwergrassen ist eine Buchtengröße von 50 x 50 cm zu beachten. Beide Buchtengrößen sind seit 2005 gesetzlich vorgeschrieben.

Um eine Zucht überhaupt starten zu können, müssen neben einer Zuchtanlage auch alle anderen Dinge vorher gut durchdacht sein. Es stellt sich die Frage, wie man an gute Ausgangstiere herankommt, die man nun einmal für einen aussichtsreichen Zuchtanfang braucht.

Wenn man organisierter Züchter werden möchte, ist als Nächstes ein Beitritt in einen Kaninchenzuchtverein notwendig.

Außerdem sollte sich der neue Züchter mit der Vererbungslehre intensiv befassen. Wer sich dafür interessiert – und jeder bewusste Züchter sollte dies tun – sei auf das zweibändige Werk für die Praxis „Kaninchenvererbung“ von Heidrun Eknigk, erschienen bei Oertel+Spörer, hingewiesen.

1,0 Lux-Rexe (Dieter Ginter)

Die Zucht der Rexkaninchen bietet dem bewusst Züchtenden ein reiches Betätigungsfeld. Denn der Vollkommenheit harren nicht nur die unterschiedlichen Größen und Formen, die Farben, die Fellqualität und die Leistungseigenschaften. An sich sind dies bereits Aufgaben, die ein ganzes Züchterleben füllen. Darüber hinaus ist eine zusätzliche Farbenzucht gegeben, wenn auch nur mit Genehmigung des Landesverbandes. Eine Erlaubnis wird in der Regel dann erteilt, wenn ein allgemeines Interesse vorliegt oder wenn die Einkreuzung als Verbesserung der Rasse zu gelten hat. Gerade die Rex-Farbenzucht hat der Farbkombination der Normalhaarrassen Ende der 1920er- und 1930er-Jahre bedeutende Impulse verliehen.

Es würde in diesem Zusammenhang zu weit führen, einen Abriss der Genetik von Form, Größe, Fell, Farbe und Leistung zu veröffentlichen. Auf die Literaturempfehlung im vorausgehenden Kapitel wird nochmals verwiesen. Dennoch möge auch der praktische Züchter einige grundsätzliche Dinge bedenken:

Jedes Merkmal und jede Eigenschaft selbst der unscheinbarsten Einzelheiten unterliegt bis auf Ausnahmen, unabhängig voneinander, der Vererbung. Doch wird das Erscheinungsbild (Phänotypus) nicht allein vom Erbbild (Genotypus) geprägt, sondern auch von den Umwelteinflüssen. Der Züchter hat also seinen Tieren möglichst gleiche Haltungs- und Fütterungsbedingungen zu gewähren. Er hat immer zu prüfen, ob für eine bestimmte Erscheinung das Erbbild oder die Umwelt verantwortlich ist.

Die einzelnen Anlagen verhalten sich zu ihrem entsprechenden Gegenstück (Allel) dominant, intermediär oder rezessiv. Im Verhältnis der einzelnen Farben zur Wildfarbe und untereinander wird dies am deutlichsten, wenn auch nicht gleich augenfällig, bei Mendels Versuchen an Erbsen und Bohnen:

rot blühende x weiß blühende =
rosa blühende
rosa x rosa = $^1/_4$ rot, $^1/_2$ rosa und $^1/_4$ weiß

Leider unterliegen die Anlagen der Eigenschaften wie Fruchtbarkeit, Vitalität, Seuchenresistenz und der Merkmale wie Größe, Form, Fell usw. der sogenannten polyfaktoriellen Vererbung. Sie ist selbst für den Genetiker schwierig zu erfassen. Der Züchter hält sich daher besser an die praktischen Erfahrungen: Alle Zuchttiere sollten den Anforderungen des Standards möglichst vollkommen entsprechen.

Entscheidend dabei ist allerdings, ob die einzelnen Tiere in den verschiedenen Merkmalen und Eigenschaften rein- oder spalterbig sind. Zuchtziel ist stets die Reinerbigkeit. Reinerbigkeit ist mit ziemlicher Sicherheit dann anzunehmen, wenn die Streuungsbreite unbedeutend ist.

Reinerbige Stämme erhält man durch Inzucht. Inzucht bewirkt bei sorgfältiger Auslese die Anhäufung erwünschter und unerwünschter Erbanlagen. Durch die Inzucht können unbekannte rezessive Erbanlagen in Erscheinung treten. Solche Entdeckungen brauchen ja nicht immer die Ausmaße der 1920 in einem Zuchtstamm, später in zahlreichen Stämmen eines ganzen Gebietes aufgetretenen Schüttellähme zu besitzen.

Die Notwendigkeit, rein zu züchten, erfordert die genaue Kenntnis der Erbanlagen aller Zuchttiere. Der ernsthafte Züchter begnügt sich daher nicht mit einigen, häufig dazu noch nichtssagenden Eintragungen (wie zum Beispiele Ausstellungserfolge) in das Zuchtbuch. Alle Merkmale und Eigenschaften, in denen sich die einzelnen Tiere auch in der Nachzucht unterscheiden, sind wichtig. Der Züchter sollte sich daher ein eigenes System der Zuchtbuchführung zurechtlegen, das zahlreiche Anlagen nicht nur der Zuchttiere, sondern wenigstens ihrer Eltern, Großeltern und Geschwister übersichtlich festlegen lässt.

Von der häufigen Einstellung eines fremden Tieres ist abzuraten. Denn mit jedem neuen Tier kommen neue Anlagen in den Stamm, treten neue Dominanzverhältnisse auf. Entscheidend ist daher die Kenntnis der Erbanlagen auch eines fremden Tieres. Man kaufe keinesfalls am Stand. Denn jedes preisgekrönte Tier kann einen idealen Erbanlagenbestand nur zufällig besitzen. Vielmehr orientiere man sich über die Qualität aller Zuchttiere an der Zuchtanlage eines Zuchtfreundes. In der Regel ist man am besten beraten, wenn man bei einem Züchter kauft, der wiederholt ausgezeichnete Tiere ausgestellt hat. Nicht zuletzt vergewissere man sich über die ordnungsgemäße Führung eines Zuchtbuches.

Ein fremdes Tier wird man nur dann in seinen Zuchtstamm stellen, wenn (ein) wesentliche(s) Merkmal(e) eingekreuzt oder (ein) unerwünschte(s) verdrängt werden soll(en) und dies durch die eigenen Tiere nicht zu erwarten ist.

Man verlasse sich nicht auf die Paarung zweier Tiere mit gegensätzlichen Fehlern in der Meinung, sie würden sich ausgleichen. Man würde diesen Fehler nicht nur verdrängen, sondern einen weiteren und die Spalterbigkeit (in jenem Merkmal) hinzubekommen. Zum Ziel führt allein die Verdrängungszucht: Man paart in der Regel durch Rückkrewuzung das fehlerhafte Tier und dessen Nachkommen immer wieder an eines oder mehrere einwandfreie Tiere und schließt die spalterbigen Nachkommen von der Zucht aus, bis jener Fehler nicht mehr auftritt.

Es hat sich gezeigt, dass hervorragende Zuchttiere mit möglichst reinerbigen Anlagen für die gesamte Zucht äußerst wertvoll sind. Man sollte daher versuchen, den wertvollen Anlagenbestand einzelner Tiere, sofern reinerbig, in möglichst vielen Zuchten zu festigen.

Die erfolgversprechendste Zuchtmethode ist die sogenannte Linienzucht. Sie besteht darin, dass man die einzelnen Zuchtaufgaben mit System gleichzeitig löst. Man baut für jedes notwendige Zuchtvorhaben einen eigenen Stamm auf, zum Beispiel für Gewicht, Form, Fell, Farbe, Fruchtbarkeit usw. und züchtet unabhängig in den einzelnen Linien so lange, bis die jeweilige Anlage dem Ideal möglichst nahe kommt und aller Voraussicht nach reinerbig ist. Dann kombiniert man das beste Tier (besser noch zwei der besten) der einen Linie mit einem oder zwei anderen einer anderen Linie und züchtet ebenfalls bis zur Vollkommenheit, kombiniert wieder und fährt so fort. Am Ende aller Kombinationen steht das Idealtier.

Vorteile der Linienzucht sind: Unabhängigkeit in den Zuchtaufgaben, weitgehender Verzicht auf Fremdkreuzungen, die genaue Kenntnis der Erbanlagen aller Zuchttiere, die Möglichkeit, bei Bedarf auf die einzelnen Linien zurück zu kreuzen, ohne dass der Erbanlagenbestand ernsthaft durcheinander gerät. Allerdings benötigt man eine erheblich größere Zuchtanlage, als dies allgemein üblich ist. Daher ist es denkbar, dass sich befreundete Züchter zu einer Zuchtgemeinschaft zusammenschließen und nach einem gemeinsamen Zuchtplan einzelne Linien übernehmen.

Die Rexrassen

Im Folgenden werden die bisher vom ZDRK anerkannten Rexrassen, sowohl die größeren Rexkaninchen als auch die Zwerg-Rexe und ihre jeweiligen Farbenschläge, sowie die zugelassenen Neuzüchtungen vorgestellt.

Chin-Rexe

Ein lichtes Aschgrau von mittlerer Blautönung kommt der Fellfarbe des echten Chinchillas am nächsten. Effektvoller aber ist eine dunkle Tönung. Auch ist sie ein wünschenswertes Pigmentreservoir.

Hervorgerufen wird die chinchillaähnliche Farbwirkung durch die Mutation des A-Faktors, die den Ausfall des gelben Pigments der Wildfarbe bewirkt. Die Unterfarbe, die etwa zwei Drittel der gesamten Haarlänge erfasst, erscheint daher dunkelblau, die Zwischenfarbe bis zu ein Viertel der Haarlänge wird reinweiß verlangt. Hier gibt es jedoch große Unterschiede von leuchtendem Weiß bis hin zu Aschgrau, was sich natürlich im Wert eines Chin-Rex niederschlägt.

Diese Farbkombinationen kommen bei den Rexkaninchen nicht so zur Geltung, wie dies bei den Normalhaarkaninchen der Fall

0,1 Chin-Rexe (Jörg Schaab)

ist. Unmittelbar über die Zwischenfarbe legt sich die Schattierung, die aus einer Mischung von hellen und dunklen Grannen besteht und den ganzen Körper, also auch die Flanken und Schenkel, gleichmäßig erfassen soll. Dadurch entsteht anstelle der bekannten Flockung ein dunkler Schleier über der Decke. Da die Schönheit der Chinchillafarbe von der Schönheit der klaren Abgrenzung der Deck-, Zwischen- und Unterfarbe abhängt, sollte die Zwischenfarbe mindestens 4 bis 5 mm breit sein. Erwünscht ist auch ein kleiner grauweißer Nackenkeil. Die Bauchdeckfarbe und die Unterseite der Blume sind reinweiß. Die Oberseite der Blume ist schwarz, gesprenkelt mit grauweißen Haaren. Die Augenfarbe ist dunkelbraun. Die Krallen sind schwarzbraun.

Mit einem Normalgewicht von 3,5 kg gehören die Chin-Rexe zur schwereren Gewichtsklasse der Rexe.

Richtig ist eine mittlere Schattierung mit einer Neigung zur dunklen Tönung. Eine mittlere Schattierung ist meist ein Kennzeichen einer vorzüglichen Haarstruktur. Dabei ist jedoch stets darauf zu achten, dass die Brustpartie nicht aufhellt.

Leichte Fehler
Allgemeine Form- und Fellfehler, ferner Besonderheiten zum Rextyp.
Außerdem: Helle Brust und Vorderläufe; Binden, helle Ringe um die Vorderläufe, helle Seiten und Flanken; bräunlicher Anflug an Kopf und Ohren; großer Keil; schwach gesäumte Ohrenränder; schmale oder verschwommene Zwischenfarbe; unreine, durchsetzte helle Unterfarbe; weiße, helle oder bräunliche Unterfarbe in der Vorderpartie und am Bauch; leichter Rost; Bauchunterfarbe nur im Brust- und Schoßbereich.

Schwere Fehler
Allgemeine Form- und Fellfehler, ferner Besonderheiten zum Rextyp.
Außerdem: Starker bräunlicher Ton (Rost) in der Deckfarbe; zu großer Keil; gänzlich helle Brust und Vorderläufe; völlig ungleichmäßige oder silbrige Schattierung; marmorierte oder andersfarbige Augen; zweierlei oder farblose Krallen; Fehlen der Zwischenfarbe; Gänzliches Fehlen der blauen Bauchunterfarbe.

Blau-Rexe

Durch ihr kurzes Fell wirken sie noch aparter als das Blaue-Wiener-Kaninchen, das nicht zuletzt wegen seiner Farbe weit verbreitet ist. Das blaue Rexkaninchen erscheint eleganter, sein Fell glänzt wie wertvoller Samt. Es gilt daher als eines der schönsten Rexkaninchen überhaupt.

Mit einem Normalgewicht von 3,5 kg gehören die Blau-Rexe zur schwereren Gewichtsklasse der Rexe.

Als Deckfarbe wird ein kräftiges Dunkelblau verlangt, das sich möglichst über den ganzen Körper ausbreitet. Nur die Bauchdeckfarbe erscheint etwas heller und matter. Naturgemäß ist auch die Unterfarbe, die am gesamten Körper gleichmäßig auftritt und bis zum Haarboden reichen soll, etwas heller als die Deckfarbe.

Eine reine und dunkelblaue Unterfarbe ist eines der Merkmale für einen sehr guten Rassevertreter. Aufgehellte Farbe in der Decke weist auf einen Pigmentschwund hin, der züchterisch nicht gewollt sein kann. Die Augenfarbe bei unseren Blau-Rex-Kaninchen ist blaugrau, die Krallen sind dunkelhornfarbig.

Allgemein zeichnet unsere Blau-Rexe ein sehr dichtes Fell aus. Zu bemängeln ist überwiegend ein etwas langes und in der Hinterpartie leicht mit Grannen überstehendes Fell. Dies ist bei den Blau-Rexen noch eine züchterische Herausforderung.

Leichte Fehler
Allgemeine Form- und Fellfehler, ferner Besonderheiten zum Rextyp.
Außerdem: Verblassung der Deckfarbe; geringe Abweichung des Farbtons an Ohren, Brust und Läufen; melierte Deckfarbe; bräunlicher Anflug; leichte Durchsetzung mit weißen Haaren oder bräunlicher Anflug unter der Decke; aufgehellte Unterfarbe; schwache Kopfbildung; etwas lange oder kurze, nicht der Körpergröße entsprechende Ohren.

Schwere Fehler
Allgemeine Form- und Fellfehler, ferner Besonderheiten zum Rextyp.
Außerdem: Aufgehellte oder zu dunkle, fast schwarze Deckfarbe; andere als blaugraue Augenfarbe; zweierlei oder farblose Krallen; Rostanflug; stark weiß durchsetzte Deckfarbe, auch an den Ohren; stark weiß durchsetzte Unterfarbe; starker brauner Anflug unter der Decke.

1,0 Blau-Rexe (R. Schmitfranz)

Nach dem Standard des ZDRK sind Weiß-Rexe sowohl mit roten als auch mit hellblauen Augen zugelassen. Die Absicht zur Erzüchtung war klar: Man wollte ein möglichst großes weißes Kurzhaarfell und übertrug deshalb den Rexfaktor auf den Deutschen Riesen, weiß. Auch gab es zu dieser Zeit Einkreuzungen von Riesen, weiß, in Chin-Rex-Stämme, um so die weiße Zwischenfarbe zu erzielen. Aus diesen verschiedenen Zuchtrichtungen wurden unsere heutigen Weiß-Rex-Kaninchen gezogen. Da blauäugige Tiere eher ansprechen als rotäugige, entschloss man sich, über unser Wienerkaninchen auch Weiß-Rexe Blauaugen zu erzüchten, was auch gelang.

Heute können wir auf hervorragende Zuchtstämme Weiß-Rexe Rotaugen mit sehr guten Körperformen und auch Fellen verweisen. Dies ist bei den blauäugigen Tieren eher eine Ausnahme. Dort haben es die Züchter noch sehr schwer, die Form des typischen Rexkopfes und auch das Rexfell erbfest zu machen.

Mit einem Normalgewicht von 3,5 kg gehören die Weiß-Rexe zur schwereren Gewichtsklasse der Rexe.

Die Deckfarbe bei den Weiß-Rexen ist reinweiß und mit einem guten Glanz versehen. Ohne farbliche Abweichung ist so der gesamte Körper zu sehen. Ebenso weiß ist auch die Unterfarbe.

Der Kopf ist ein wenig länglich und sollte dem Rextyp entsprechen, eine breite Stirn und Nase sowie ausgeprägte Backen aufweisen.

Die Ohren dürfen nicht zu lang sein. Sie sollen dem Kopf und dem Gesamtbild des Tieres entsprechen. Zu kurze Ohren widersprechen dem idealen Rextyp.

1,0 Weiß-Rexe RA (D. Recktenwald)

0,1 Weiß-Rexe BlA (Heinz Bösch)

Leichte Fehler
Allgemeine Form- und Fellfehler, ferner Besonderheiten zum Rextyp. Außerdem: Schmaler Kopf, langer Hals; etwas lange oder etwas kurze Ohren, wenig Unterwolle; geringe Begrannung; gelblicher Kopf oder grauer Anflug an Hals- und Kinnpartie; gelblicher Anflug am Bauch.

Schwere Fehler
Allgemeine Form- und Fellfehler, ferner Besonderheiten zum Rextyp. Außerdem: Starker gelblicher oder auch grauer Anflug der Decke. Zu lange oder zu kurze Ohren. Andere als die vorgeschriebene Augenfarbe oder auch zweierlei Krallenfarbe.

Dreifarben-Schecken-Rexe

Dieser Farbenschlag wurde gleichzeitig in der Schweiz und im Bereich des ZDK (heute ZDRK) herausgezüchtet. Wem die Züchtung zu verdanken ist, ist ungewiss. Mit Sicherheit hatte Walter Kölz, Stuttgart-Zuffenhausen, im Jahre 1968 die ersten Versuche unternommen. Ausgangstiere waren Blau-Rexe und normalhaarige Rheinische

Schecken. Da die Neuzüchtung umfassende Züchtungsversuche erforderte und Walter Kölz die große Anzahl von Buchten nicht zur Verfügung stand, beteiligten sich verschiedene Zuchtfreunde aus dem Raum Stuttgart daran.

Nach 4 1/2-jähriger Züchtungsarbeit wurden die ersten Dreifarben-Schecken-Rexe der Öffentlichkeit vorgestellt; sie wurden allseits bewundert. Die ersten fünf Dreifarben-Schecken-Rexe aus der Schweiz stellte Hermann Doll, Adelshausen, bei der Europaschau 1970 in Stuttgart aus. Bei der Bundes-Kaninchenschau 1974 wurden zwölf Tiere von vier Ausstellern gezeigt; zwischendurch waren diese Tiere bei Landes- und Kreisschauen zu sehen. Da die Farben der Rheinischen Schecken durch die Kurzhaarigkeit sehr gut zur Geltung kommen, fanden die Tiere sehr viel Anklang.

Mit einem Normalgewicht von 3,5 kg gehören die Dreifarben-Schecken-Rexe zur schwereren Gewichtsklasse der Rexe.

Die Grundfarbe von Decke und Unterwolle ist Reinweiß. Die beiden Zeichnungsfarben Schwarz und Gelb sollen rein und nicht mit andersfarbigen Haaren durchsetzt sein. Die Augen sind braun, die Krallen farblos.

Die Kopfzeichnung besteht aus dem Schmetterling, den Augenringen, den Backenpunkten und der Ohrenzeichnung.

Der Schmetterling soll – gut ausgeprägt, mit vollen Flügeln und einem schön abgerundeten Dorn versehen – den Unterkiefer seitlich schmal einfassen. Die Augenringe sind geschlossen und gleichmäßig breit. Die möglichst runden Backenpunkte stehen frei. Die Ohren sind an der Wurzel scharf abgegrenzt. Alle Merkmale der Kopfzeichnung sollen schwarz und gelb sein, ausgenommen die Backenpunkte, die einfarbig sein dürfen.

Die Rumpfzeichnung besteht aus dem Aalstrich und den Seitenflecken. Der Aalstrich geht vom Genick bis zur Blumenspitze gleichmäßig breit (etwa 2 cm) durch.

0,1 Dreifarben-Schecken-Rexe (R. Zimny)

Die Seitenflecken seien beidseitig gleichmäßig auf Flanken und Schenkeln verteilt, auf jeder Seite sechs bis acht Flecken, nicht zu groß und einzeln frei stehend. Etwa vorhandene Flecken an Brust, Bauch, Läufen und Unterseite der Blume bleiben unberücksichtigt. Aalstrich und Seitenflecken sollen schwarz und gelb sein.

Gerade diese Rasse braucht unbedingt noch neue Züchter, um ihren Fortbestand zu sichern. Ansprechpartner sind die Rex-Clubs in den Landesverbänden.

Leichte Fehler
Allgemeine Form- und Fellfehler, ferner Besonderheiten zum Rextyp. Außerdem: Alle Farb- und Zeichnungsfehler wie bei den Rheinischen Schecken treffen bei den Dreifarben-Schecken-Rexen zu. Ein Zusammenhängen des Augenringes ein- oder beidseitig mit den Backenpunkten oder der Ohrenfarbe wird hier jedoch als leichter Fehler geahndet.

Schwere Fehler
Farb- und Zeichnungsfehler wie bei den Rheinischen Schecken. Ausgenommen ist das Zusammenhängen der Backenpunkte mit Ohrenfarbe und Augenringen.

Dalmatiner-Rexe

Bis in zur Mitte des letzten Jahrhunderts war es ein Grundsatz in der Rexzucht, nur einfarbige Rexe zu züchten. Die Tiere sollten allein durch ihre schöne, samtig glänzende Farbe wirken. Doch in den 1950er-Jahren wurden in der Schweiz Schecken-Rexe gezüchtet und 1964 bei einer Lokalschau in Niefern ebenfalls als Neuzüchtung ausgestellt. Durch intensive Werbung und hervorragende Züchter wurde diese Rasse 1970 als Dalmatiner-Rexe anerkannt.

Mit einem Normalgewicht von 3,5 kg gehören die Dalmatiner-Rexe zur schwereren Gewichtsklasse der Rexe.

In ihrem Erscheinungsbild weicht diese Dalmatinerscheckung – sie entspricht jener bei Hunden oder auch Pferden – von der bekannten Scheckenzeichnung wesentlich ab. Sie besteht nicht mehr aus einem eindeutig festgelegten Zeichnungsmuster mit Aalstrich, Schmetterling, Backenpunkten und Seitenzeichnung, vielmehr soll die Punktscheckung den ganzen Körper bedecken, wobei Brust, Bauch, Läufe, Blume und Ohren auch mit einbegriffen sind. Die Punkte sollten möglichst frei stehen, ohne mit anderen eine zusammenhängende Farbfläche zu bilden. Die Schnauzpartie sollte keinen Schmetterling, sondern einzelne Punkte aufweisen, ebenso die Augenringe als entferntes Zuchtziel. Die Ohren sollten gleichfalls Zeichnungspunkte aufweisen, die in der weißen Grundfarbe stehen. Auch sollte der Aalstrich so in Zeichnungspunkte aufgelockert sein, dass er als solcher nicht mehr zu erkennen ist.

Als ideal gilt ein Punktdurchmesser von 1,5 bis 3,5 cm. Auf jeder Körperseite sollten

1,0 Dalmatiner-Rexe, schwarz-weiß (Jürgen Krämer)

möglichst fünf Zeichnungspunkte in einer schönen Verteilung zu sehen sein.

Die Grundfarbe bei den Dalmatiner-Rexen ist Weiß, die Zeichnungsfarbe kann schwarz, blau, havannafarbig, sepiabraun und wie bei den später beschriebenen Dalmatiner-Rexen dreifarbig, schwarz-gelb sein.

Leichte Fehler

Allgemeine Form- und Fellfehler, ferner Besonderheiten zum Rextyp.
Außerdem: Wenige Zeichnungspunkte an Kopf und Körper; flächenartig zusammenhängende Punkte; größere zeichnungsleere Körperpartien (ausgenommen Bauch und Läufe), Durchsetzung der Körperpunkte mit weißen Haaren; durchweg melierte Ohrenfarbe; weiße Flecken in den Zeichnungspunkten. Durchmesser der Punkte von über 3,5 bis 5 cm.

Schwere Fehler

Allgemeine Form- und Fellfehler, ferner Besonderheiten zum Rextyp.
Außerdem: Zeichnungsleerer oder voll farbiger Kopf; reinweiße Schnauze; völlig dunkle oder auch weiße Ohren; andere als die vorgeschriebene Augenfarbe; weniger als drei Zeichnungspunkte auf einer Körperseite; durchgehender Aalstrich. Zu stark weiß durchsetzte oder ganz unreine Zeichnungsfarbe. Starkes Zusammenhängen der Rumpfzeichnung oder Punktdurchmesser über 5 cm.

1,0 Dalmatiner-Rexe, sepia-weiß

1,0 Dalmatiner-Rexe, dreifarbig (Corinna Beischau)

Die Augen sind braun, bei den Blauen blaugrau. Die Krallen sind farblos. Einzelne farbige Krallen beeinträchtigen den Wert eines Tieres nicht und können unberücksichtigt bleiben.

Die Farbe Sepiabraun ist ein leuchtendes Mittelbraun mit rötlicher Tönung, die durch eine intensive, durchscheinende gelb-rotbraune Unterfarbe hervorgerufen wird.

Es sind Bestrebungen im Gange, die Größe der Punkte etwas von unten nach oben abändern zu lassen. Ebenso die Beschreibung der Kopf- und Ohrenzeichnung.

Nachdem die Dalmatiner-Rexe in zwei Farben abgehandelt sind, wird noch kurz auf die Dalmatiner-Rexe, dreifarbig, eingegangen. Die Züchterschar um diese doch farbenfrohe Rasse ist nicht so groß, wie man sie gern hätte. Denn solch bunte Tiere auf Ausstellungen erfreuen das Herz eines jeden Besuchers. Doch hat diese Rasse züchterisch auch ihre Tücken.

Zugelassen ist die Zeichnung in Schwarz-Gelb, wobei die Grundfarbe am gesamten Körper Reinweiß sein soll.

Die Zeichnungspunkte sollen gleich dem Dalmatiner über den ganzen Körper verteilt sein, wobei Punkte auch an Brust, Bauch, Läufen und Blume gefordert sind. Diese Forderungen können derzeit noch nicht alle erfüllt werden. Sie sind aber das Zuchtziel. Ebenso sollen diese Punkte an Ohren und Kopf in ungleichmäßiger Verteilung vorkommen. Wie beim Dalmatiner werden die Schnauzpartie, der Aalstrich und die Augenringe aufgelockert gefordert. Dies ist jedoch immer noch mit Schwierigkeiten verbunden.

Auch die Punktgröße gibt oft zu Beanstandungen Anlass. Aber gerade aus genetischer Sicht wird man in den Hüften größere Punkte nicht ganz herauszüchten können.

Die leichten und schweren Fehler sind gleich wie bei den anderen Dalmatinern-Rexen.

Gelb-Rexe

Erstmals wurde von den Gelb- beziehungsweise Rot-Rexen 1926 gesprochen, als es Professor Kohler aus Straßburg gelang, durch gewagte Einkreuzungen Tiere mit rotem Fell zu züchten.

Bei der zweiten Deutschlandschau im Februar 1935 in Leipzig wurden neben den etwa 5000 Kaninchen auch 289 Rexe, darunter drei Gelb-Rexe gezeigt. Bis zum heutigen Tag gibt es noch heftige Diskussionen um die Bezeichnung dieses Farbenschlages. Die einen plädieren für den Namen Gelb-Rexe, die anderen finden Gold-Rexe oder auch noch Rot-Rexe richtiger.

Die Gelb-Rexe sollten einen leicht gestreckten Körper mit ebenmäßig verlaufender Rückenlinie sowie eine gleichmäßige Vorder- und Hinterpartie aufweisen, die der des Castor-Typs gleichkommt. Durch diese gewünschte Form sitzt der Kopf ohne großen Halsansatz am Körper auf. Wie bei allen Rexrassen wird der Kopf etwas länglich verlangt. Die Stirn- und Schnauzpartie sowie die Backen sind kräftig ausgeprägt. Die Häsin ist im Gesamten etwas feiner. Die Ohren sollten, in V-Form getragen, eine kräftige Struktur aufweisen und ebenfalls gut behaart sein. Kräftige Läufe wie auch eine gut abgerundete Hinterpartie sollten für einen gut durchgezüchteten Gelb-Rexe-Stamm als normal bezeichnet werden.

Mit einem Normalgewicht von 3,5 kg gehören die Gelb-Rexe zur schwereren Gewichtsklasse der Rexe.

Beim Fell gibt es in dieser Rasse ebenfalls noch Probleme: Leicht überstehende, sogar zu lange Grannen machen etlichen Züchtern dieses Farbenschlages zu schaffen.

Die Deckfarbe ist ein kräftiges Gelbrot mit gutem Glanz. Die Augen- und Kinnbackeneinfassung, die Innenseite der Schenkel und die Bauchdecke dürfen cremefarbig, aber nicht weiß sein. Die Blumenunterseite ist cremefarbig bis weiß, die Augen sind braun. Die schöne gelbrote Farbe sollte ausgeglichen sein und bis zum Bauch reichen.

Helle Schenkel, dunkler Anflug und auch die Durchsetzung der Decke mit weißen Haaren sind noch immer Punkte, die beanstandet werden müssen.

Wie kaum bei einem anderen Farbenschlag muss bei den Gelb-Rexen auf die richtige Krallenfarbe geachtet werden. Sind die Krallen standardgemäß dunkelhornfarbig, so ist oftmals bei der Deckfarbe mit einem dunklen Anflug zu kämpfen. Sind die Krallen nur hornfarbig, wie bei einigen etwas helleren Stämmen, so trifft dies nicht so häufig zu. Dort werden jedoch öfter farblose Krallen beanstandet.

Die Unterfarbe ist cremefarbig bis rötlich, sollte der Deckfarbe ähnlich sein und bis zum Haarboden reichen.

1,0 Gelb-Rexe (Joachim Fichter)

Die Züchter dieses Farbenschlages müssen in naher Zukunft einen Weg finden, die Merkmale dieser Rasse auf einen Nenner zu bringen. Was machbar ist, sollte als Standardforderung eingebracht werden.

Leichte Fehler

Allgemeine Form- und Fellfehler, ferner Besonderheiten zum Rextyp.
Außerdem: Schwache Kopfbildung, zu lange oder kurze, nicht der Körpergröße entsprechende Ohren; etwas matte, helle oder leicht durchsetzte Deckfarbe; leicht heller oder dunkler Anflug an den Ohrenrändern, an Brust, Seiten, Schenkeln oder Läufen; helle Binden; etwas fleckige Deckfarbe; etwas helle oder durchsetzte Unterfarbe.

Schwere Fehler

Allgemeine Form- und Fellfehler, ferner Besonderheiten zum Rextyp.
Außerdem: Zu helle Deckfarbe; mit schwarzen Haaren durchsetzte Decke; schwarze Ohrensäumung; sichtbar weiße Flecken in der Decke; ganz helle Brust und Läufe; weiße Binden; weiße Augen- und Kinnbackeneinfassung; andere als die geforderte Augen- und Krallenfarbe; stark unreine oder völlig verwaschene Unterfarbe; weiße Unterfarbe; völlig weiße Bauchdeckfarbe.

Die Castor-Rexe gelten als Ursprungsrasse aller anerkannten Rexe in den verschiedensten Farbenschlägen. Aus der Zuchtgeschichte ist zu entnehmen, dass der Pfarrer Abbé Gillet die ersten Castor-Rexe züchtete und in Paris auf einer Ausstellung der Öffentlichkeit vorstellte. Die Felllänge dieser Tiere betrug damals etwa 10 bis 15 mm. Es war eine züchterische Sensation. Man betitelte die damaligen Rexe in der Fachpresse als „Könige unter den Kaninchen". Es entstand ein richtiger Rummel um diese neue Rasse. Jeder wollte solch ein Tier besitzen, egal was es kostete.

Diese Zeiten sind vergangen, die Castor-Rexe wurden inzwischen von den Züchtern in ihrem Gesamtbild positiv beeinflusst. Heute haben wir ein vitales, sportliches und farblich recht ansprechendes Rexkaninchen, das sehr viele Züchter in seinen Bann gezogen hat.

Sehr große Beschickungszahlen auf Bundes-, Landes- und ADRC-Schauen zeugen von der Beliebtheit unserer Castor-Rexe.

Gewichtsmäßig gehören die Castor-Rexe zu der schwereren Klasse mit einem Normalgewicht von 3,5 kg. Bei der Körperform sollten wir immer auf eine leicht gestreckte Walzenform achten sowie eine schön abgerundete Hinterpartie. Der Körper sollte vorne und hinten gleichmäßig breit sein, kräftige, mittellange Läufe besitzen und eine ebenmäßig verlaufende Rückenlinie aufweisen.

Obwohl durch die Kurzhaarigkeit sämtliche Körpermerkmale deutlicher in Erscheinung treten als bei den Normalhaarrassen, sind die Rexe allgemein heute mit den Normalhaarrassen gleichgezogen. Dies ist eine hervorragende Leistung sämtlicher Rexzüchter.

1,0 Castor-Rexe (Bernd Schmitt)

Das Fell ist 17 bis 20 mm lang. Überstehende Grannen in den Zuchten beschäftigen die Castor-Rex-Züchter ständig. Besonders an der Hinterpartie oder auch an den Vorderläufen war diese unschöne Eigenschaft aufgetreten. Nur durch exakte Auslese ist es in den letzten Jahren gelungen, diesen Missstand zu beseitigen. Die Decke wurde dadurch etwas dunkler, die hellen, grauen Seiten verschwanden. Aber eine negative Erscheinung trat nun auf: Die gekrümmten kurzen Spürhaare wurden weniger oder brachen sogar im Jugendstadium ganz ab. Somit haben wir heute in den meisten Zuchten leider nur noch wenige Spürhaare. Dies zu ändern ist eine neue Herausforderung an die Züchter.

Der Kopf ist ein wenig länglich, Stirn und Schnauzpartie sind breit, die Backen kräftig. Die Ohren werden straff aufgerichtet getragen, sie sind kräftig und fleischig. In der Länge und Breite müssen sie der Körpergröße entsprechen, doch erscheinen sie wegen des kürzeren Fellhaares etwas länger als bei den entsprechenden Normalhaarrassen.

Die Deckfarbe ist ein rötliches Kastanienbraun, mittel bis dunkel getönt. Diese Farbe soll möglichst den ganzen Körper bedecken und weit nach unten reichen. Es soll ein leichter dunkler Schleier zu sehen sein. Kopf, Ohren, Brust, Vorderläufe, Flanken und Schenkel sind naturgemäß weniger hell getönt. Etwas heller sind dagegen die Augen- und Kinnbackeneinfassung.

Die Innenseite der Läufe, die Bauchdeckfarbe und die Unterseite der Blume sind weiß oder cremefarbig. Der Nackenkeil ist klein und hat eine hellbraune Tönung. Die Augen und Krallen sind dunkelbraun.

Die Zwischenfarbe ist rostbraun und beginnt dicht unter der Deckfarbe. Sie sollte etwa ein Drittel der Haarlänge betragen und sich zur Unterfarbe hin scharf abgrenzen.

Die Unterfarbe ist intensiv Blau und erfasst etwa die Hälfte der gesamten Haarlänge. Blau ist auch die Bauchunterfarbe. Sie muss, wenn auch etwas aufgehellt, selbst bei älteren Häsinnen vorhanden sein.

Die Castor-Rexe haben einen hervorragenden Zuchtstand erreicht. Schwachpunkte sind noch Bindenansätze, Spürhaare und häufig eine etwas dunkle Decke.

Leichte Fehler

Allgemeine Form- und Fellfehler, ferner Besonderheiten zum Rextyp.
Außerdem: Etwas helle Seiten, Läufe und Schenkel; Bindenansätze; etwas unregelmäßige, leicht andersfarbige Grannenhaare; etwas helle oder durchsetzte Deckfarbe; schmale, etwas breite oder schwache Zwischenfarbe; aufgehellte Bauchunterfarbe; Bauchunterfarbe nur im Brust- und/oder Schoßbereich.

Schwere Fehler

Allgemeine Form- und Fellfehler, ferner Besonderheiten zum Rextyp.
Außerdem: Starker schwarzer Schleier auf der Decke; starke Binden; völlig graue Seiten oder Schenkel; stark weiß oder andersfarbig durchsetzte Deckfarbe; andere als die vorgeschriebene Bauchdeckfarbe; sichtbar weiße Flecken in der Decke. Andere als die vorgeschriebene Augenfarbe; zweierlei oder farblose Krallen. Fehlende oder stark verwaschene Zwischenfarbe.

Zur Erzüchtung dieses Farbenschlages wurden sowohl Alaska- als auch schwarze Wiener-Kaninchen der Normalhaarrassen eingekreuzt. Anfänglich gab es noch in den einzelnen Würfen vermehrt Fehlfarben. Dies konnte jedoch durch die Zuchtauslese hervorragender Züchter in kürzester Zeit minimiert werden.

Heute haben wir mit den Schwarz-Rexen einen Farbenschlag, der voll durchgezüchtet ist und auch auf Großschauen hervorragende Resultate erzielen kann. Dies ist nicht zuletzt das Ergebnis der Arbeit eines sehr guten Züchterstammes, der sich dieser doch sehr reizvollen Rasse verschrieben hat.

Die Kopfform sowie die Ohrform und -haltung sind wie bei allen einfarbigen Rexrassen gleich und schon mehrmals beschrieben.

Mit einem Normalgewicht von 3,5 kg gehören die Schwarz-Rexe zur schwereren Gewichtsklasse der Rexe.

Die Deckfarbe ist von einem glänzenden Schwarz, das sich völlig gleichmäßig über den gesamten Körper erstrecken soll. Der Bauch erscheint im Gesamten etwas matter. Die Unterfarbe ist Dunkelblau, je intensiver, desto besser.

Aber auch diese Rasse, so kurz und bündig auch ihre Rassebeschreibung ist, hat ihre eigenen Schwierigkeiten. So ist das gewünschte glänzende Schwarz, bedingt durch das Kurzhaarfell, fast nicht bei idealer Felllänge zu erreichen. Außerdem sind verschiedene Zuchtstämme mit Rostanflug behaftet, der teils vererbbar ist und teils auch haltungsbedingt auftreten kann. Auf Zuchttiere, die Rostanflug auch außer der Haarungszeit an Schenkeln und Bauch zeigen, sollte man verzichten.

Auch ist es der Schönheit dieser Schwarz-Rexe nicht dienlich, diese der Sonnenbestrahlung auszusetzen. Auch dadurch entsteht Rost.

1,0 Schwarz-Rexe (T. Schuker)

Ein weiterer Faktor, der bei dieser Rasse beachtet werden muss, ist das Fell und dessen Struktur. Schwach behaarte Läufe oder auch Kahlstellen führen oft zu Negativbewertungen.

Von einem stabilen Rexfaktor spricht man, wenn genügend kräftige, jedoch nicht mehr als 1 mm überstehende Grannen vorhanden sind. Solche Felle sind besonders wertvoll. Demgegenüber steht das fast grannenlose oder mit zu wenig kräftigen Grannen besetzte Rexfell, welches immer zu weich und dementsprechend auch weniger wertvoll ist. Tiere mit leicht überstehenden Grannen können sich zwar in der Zucht positiv auswirken, bei Ausstellungen werden sie aber mit Punktabzug bewertet. Wir müssen deshalb auch bei unseren Rexkaninchen zwischen Ausstellungs- und Zuchttieren unterscheiden. Wird dies so beachtet, werden schwach behaarte Läufe auch bei unseren Schwarz-Rexen seltener.

Noch ein weiteres Problem vieler einfarbiger Rexrassen sei hier kurz erwähnt: die Durchsetzung der Decke mit weißen Haaren. Hierzu gibt es verschiedene Ansatzpunkte:

- Nur mit Tieren züchten, die diese Fehler nicht oder nur schwach aufweisen.
- Scharfe Selektion durchführen.
- Verletzung der Jungtiere durch die säugende Häsin vermeiden.
- Krallen vorher schneiden.

Leichte Fehler
Allgemeine Form- und Fellfehler, ferner Besonderheiten zum Rextyp.
Außerdem: Matte Deckfarbe; einzelne weiße Stichhaare; leichte Farbabweichungen; leichter grauer oder bräunlicher Anflug; leicht helle oder durchsetzte Unterfarbe.

Schwere Fehler
Allgemeine Form- und Fellfehler, ferner Besonderheiten zum Rextyp.
Außerdem: Stark weiß durchsetzte Deckfarbe; weiße Flecken. Andere als braune Augenfarbe; zweierlei oder farblose Krallen. Stark aufgehellte, unreine oder durchsetzte Unterfarbe; weißer Haarboden.

Havanna-Rexe

Schon im Jahre 1931 wurden die Havanna-Rexe als ein neuer Farbenschlag in den Standard des Reichsbundes der Deutschen Kaninchenzüchter aufgenommen. Es handelte sich hierbei um den sechsten Farbenschlag, der anerkannt wurde. Vor allen Dingen die kräftig dunkelbraune Farbe, wie bei einem Deckblatt einer Havannazigarre, sollte die Züchter für diese Rasse begeistern. Dabei war auch an den herrlichen Glanz der Normalhaar-Havanna gedacht, der sich natürlich nicht so einfach übertragen ließ.

Auch heute haben unsere Rexzüchter mit dieser Forderung im Standard – auf Glanz bei den Rexfellen – ihre besonderen Schwierigkeiten. Im Gegensatz zu den Normalhaarfellen hat ein ideales Rexfell keine überstehende Granne. Diese ist es jedoch, die beim Fell größtenteils den Glanz hervorbringt.

Mit einem Normalgewicht von 3,5 kg gehören die Havanna-Rexe zur schwereren Gewichtsklasse der Rexe.

1,0 Havanna-Rexe (K.-H. Ulbrich)

Die Deckfarbe, wie vorher angedeutet, sollte den ganzen Körper einschließlich Kopf und Ohren erfassen und gleichmäßig sein. Zu bemängeln sind immer noch die fahlen und ins Gräuliche reichenden Deckfarben.

Die Bauchdeckfarbe ist im Gesamten etwas matter. Diese muss bis zum Haarboden durchgehen. Intensiv blau wird die Unterfarbe gewünscht. Dies ist jedoch, genau wie bei den Normalhaar-Havanna, teilweise noch eine Schwierigkeit, die gemeistert werden muss. Eine entscheidende Verbesserung dürfte mit einer genehmigten Einkreuzung von Alaskakaninchen erreicht werden können.

Die Augenfarbe ist Braun mit rötlichem Schein. Die Krallen sind dunkelhornfarbig.

Leichte Fehler
Allgemeine Form- und Fellfehler, ferner Besonderheiten zum Rextyp.
Außerdem: Formfehler bei Kopf und Ohren wie bereits beschrieben. Grau melierter oder rußiger Anflug auf der Decke; leichte Durchsetzung mit weißen Haaren; etwas helle oder matte Farbe, etwas helle Brust; helle oder leicht durchsetzte Unterfarbe.

Schwere Fehler
Allgemeine Form- und Fellfehler, ferner Besonderheiten zum Rextyp.
Außerdem: Stark grau melierte, reifartige Deckfarbe; starke Durchsetzung mit weißen Haaren; weiße Flecken. Andere als die geforderte Augenfarbe, zweierlei oder farblose Krallen. Starker Rostanflug; völlig helle Brust; sehr unreine oder stark durchsetzte, graue oder völlig weiße Unterfarbe; weißer Haarboden.

Eine noch immer seltene Rasse ist der Farbenschlag der Blaugrau-Rexe. Nur einzelne Zuchtgruppen sind auf ganz großen Schauen zu finden.

So standen auf der 25. Bundes-Kaninchenschau in Bremen nur vier Zuchtgruppen, auf der 19. Rexschau der Arbeitsgemeinschaft Deutscher Rexzüchter 2002 in Dingolfing immerhin acht Zuchtgruppen. Die Qualität der gezeigten Tiere ist nicht schlecht, es fehlt lediglich ein größerer motivierter Züchterkreis.

Die Deckfarbe ist, wie im Namen der Rasse schon aufgeführt, Blaugrau in einer mittleren Tönung (Blauwildfarbig). Diese Farbe sollte die gesamte Decke erfassen. Ausgenommen sind lediglich die Augenringe und die Kinnbackeneinfassung, die etwas heller sein dürfen.

Bei der Bauchdeckfarbe, der Unterseite der Blume und den Innenseiten der Schenkel treffen wir noch einen hellen bis weißen Farbton an. Der bräunliche Keil im Genick sollte klein sein.

Die Zwischenfarbe erscheint als schmaler bräunlicher Streifen dicht unter der Deckfarbe. Eine scharfe Abgrenzung zur Unterfarbe hin ist erwünscht.

Die Krallen sind dunkelhornfarbig, die Augenfarbe ist Blaugrau.

Ebenfalls Blaugrau ist die Unterfarbe. Sie umfasst zwei Drittel der Haarlänge. Sie sollte schon intensiv sein. Aufgehellte oder auch durchsetzte Unterfarbe wird bestraft. Die Erfahrung hat gezeigt, dass bei den blaugrauen Rexen auch auf die Ohrensäumung geachtet werden muss.

Ebenso ist ein besonderes Augenmerk auf das Verhältnis von Zwischenfarbe zur Unterfarbe zu richten. Auch Bindenansätze an den Vorderläufen bereiten in manchen Zuchten Schwierigkeiten.

1,0 Blaugrau-Rexe (R. Schäfer)

Leichte Fehler
Allgemeine Form- und Fellfehler, ferner Besonderheiten zum Rextyp. Außerdem: Etwas helle Seiten, Brust, Läufe oder Schenkel; Bindenansätze; leicht weiße oder andersfarbige Durchsetzung der Deckfarbe; etwas helle oder durchsetzte Unterfarbe; Bauchunterfarbe nur im Brust- und Schoßbereich.

Schwere Fehler
Allgemeine Form- und Fellfehler, ferner Besonderheiten zum Rextyp. Außerdem: Zu dunkle oder zu helle Deckfarbe; stark weiß oder andersfarbig durchsetzte Deckfarbe; sichtbare weiße Flecken. Andere als die geforderte Augenfarbe; zweierlei Krallenfarbe. Fehlende Zwischenfarbe. Unreine oder stark durchsetzte Unterfarbe; weiße Unterfarbe; gänzliches Fehlen der blauen Bauchunterfarbe.

Rhön-Rexe

Diese Rasse kann noch keine lange Zuchtgeschichte aufweisen. Sie entstand im Jahr 1990 aus einer Kreuzung von Chin-Rexen mit japanerfarbigen Dalmatinern, dreifarbig. Beteiligt an der Herauszüchtung waren Michael Gerker aus Westfalen und Marc Ar-

1,0 Rhön-Rexe (M. Gerker)

heidt aus Baden. An der weiteren Verbesserung beteiligte sich auch Günther Müller aus der Pfalz. Die ersten Rhön-Rexe wurden in zwei getrennt entstandenen Linien geführt.

Ihre Anerkennung mit der Aufnahme in den Standard erfolgte nach mehreren Vorstellungen auf Großschauen im Jahre 2000.

Mit einem Normalgewicht von 3,5 kg gehören sie zur schwereren Gewichtsklasse der Rexe. Anfangs gab es noch in Körperform und Fell recht viele Schwierigkeiten, die zwischenzeitlich jedoch von den erfahrenen und neu hinzugekommenen Züchtern überwunden werden konnten. Kopfform und Ohren werden auch beim Rhön-Rex wie bei allen Rexen gefordert.

Bei den Rhön-Rexen werden Kopf und Ohren in der Position 4 gewertet.

Die Grundfarbe der Tiere ist Weiß, die Zeichnungsfarbe Graufarbig bis Schwarzgrau. Je intensiver und klarer die Farbe, desto besser das Gesamtbild – bei guter Verteilung der Zeichnung.

Die Augen sind braun. Die Krallen sind hell- bis dunkelhornfarbig.

Die Zeichnung der Rhön-Rexe besteht aus Streifen, Flecken und Spritzern, die über den gesamten Körper gleichmäßig verteilt sein sollen. Unberücksichtigt bleibt die Blume.

Rassespezifisch gesehen haben wir es mit helleren, mittleren und dunkleren Zeichnungen zu tun.

Diese Rasse sucht noch Züchter mit Ausdauer. Sie werden belohnt mit der Schönheit der Tiere dieser doch farblich vielfältigen Rasse.

Leichte Fehler
Allgemeine Form- und Fellfehler, ferner Besonderheiten zum Rextyp. Außerdem: Nicht ausgeprägte Kopfbildung; kurze oder zu lange Ohren; Fehlen von Zeichnung an einem Ohr oder beiden Vorderläufen. Etwas volle oder grobe oder verschwommene Zeichnung; etwas schwache Zeichnung; geteilte Kopfzeichnung; etwas gelber oder brauner Anflug; etwas matte oder etwas helle Zeichnungsfarbe. Zweierlei Krallenfarbe, hell-, mittel- und dunkelhornfarbige Krallen an einem Lauf oder mehreren Läufen.

Schwere Fehler
Allgemeine Form- und Fellfehler, ferner Besonderheiten zum Rextyp. Außerdem: Ausgeprägter Rammlerkopf bei Häsinnen und umgekehrt. Gänzliches Fehlen von Zeichnung am Kopf und/oder an beiden Ohren; kreuzweise geteilte Kopf- und Ohrenzeichnung. Zu große Zeichnungsfelder bzw. Felder ohne Zeichnung, die mehr als ein Viertel des Körpers bedecken. Stark verschwommene Zeichnung; starker gelber oder brauner Schleier; abweichende Zeichnungsfarbe. Andere als braune Augenfarbe; farblose Krallen.

Feh-Rexe

Schon im Jahre 1930 wurden auf der Leipziger Weltausstellung unter den dort ausgestellten 621 Rexkaninchen acht Feh-Rexe der Öffentlichkeit vorgestellt. Damals äh-

1,0 Feh-Rexe (W. Röder)

nelte die Farbe noch sehr einem hellen Blau-Rex. Über die Erzüchter ist in unseren Kreisen wenig bekannt. Zur damaligen Zeit waren viele damit beschäftigt, durch Einkreuzungen in die Castor-Rexe mehrere neue Rassen herauszuzüchten.

Die Feh-Rexe zählen zur leichteren Gewichtsklasse mit einem Normalgewicht von 3,0 kg. Die Körperform sollte rextypisch sein und seiner Größe entsprechen. Die Po-

Leichte Fehler
Allgemeine Form- und Fellfehler, ferner Besonderheiten zum Rextyp.
Außerdem: Nicht entsprechend ausgeprägte Kopfbildung; kurze oder lange, nicht der Körpergröße entsprechende Ohren. Etwas helle oder dunkle Deckfarbe; leicht durchsetzte Decke; reifartiger Anflug; sehr schwacher bräunlicher Schleier; helle, dunkle oder leicht durchsetzte Unterfarbe. Geringe Farbabweichungen an den einzelnen Körperpartien.

Schwere Fehler
Allgemeine Form- und Fellfehler, ferner Besonderheiten zum Rextyp.
Außerdem: Silbrige, fahle oder dunkle Decke; gänzliches Fehlen des bräunlichen Schleiers; helle oder durchsetzte Unterfarbe. Andere als die vorgeschriebene Augenfarbe; zweierlei oder farblose Krallen.

sition 4 beinhaltet die Beurteilung des Kopfes und der Ohren.

Die Deckfarbe ist ein zart getöntes lichtes Blau mit einem leichten bräunlichen Schimmer. Dieser sollte sich über die ganze Decke gleichmäßig erstrecken. An den kurz behaarten Körperstellen wie Kopf, Ohren oder Läufen tritt der braune Schleier am stärksten in Erscheinung. Die Bauchfarbe ist im Gesamten etwas matter als die Deckfarbe. Die Augenfarbe ist Blaugrau und je nach Lichteinfall rötlich durchleuchtend. Die Krallen sind hornfarbig.

Die Unterfarbe ist nur geringfügig heller als die Deckfarbe. Sie grenzt nicht scharf ab und kann am Bauch in ein lichtes Blaugrau übergehen.

Die Feh-Rexe sind nicht sehr stark verbreitet. Auf den großen Schauen, Bundes- oder ADRC-Schau, werden im Höchstfall etwa 50 Tiere ausgestellt. Anfangs mag es an den nicht durchgezüchteten Stämmen gelegen haben, gute Ausgangstiere für einen Zuchtbeginn zu erhalten. Zwischenzeitlich sind jedoch Züchter vorhanden, die es verstanden haben, die Feh-Rexe gegenüber den anderen Rexrassen konkurrenzfähig zu machen. Es würde der Rasse gut tun, wenn sich mehr Züchter dieser doch reizvollen Rasse annehmen würden.

Lux-Rexe

Auf der ersten internationalen Rex-Schau, die 1930 in Dortmund vom Verband der Kurzhaarzüchter Deutschlands veranstaltet wurde, waren insgesamt 354 Rexkaninchen vorgestellt. Darunter auch drei Dortmunder Lux-Rexe – so die Bezeichnung damals.

Die eigentliche Entstehung der Lux-Rexe liegt allerdings im Dunkeln, wobei lediglich als gesichert gilt, dass mit den Lux-Rexen die Vielfalt der Rexkaninchen eingeläutet wurde. In den Kriegsjahren war die Rex-Zucht verboten, sodass die Lux-Rexe nach dem Kriege neu herausgezüchtet werden mussten.

Heute haben die Lux-Rexe einen festen Züchterstamm unter den Rex-Züchtern, der sich auch durch eine schlechte Bewertung nicht mehr aus der Ruhe bringen lässt. Vor allen Dingen wird der Großteil dieser Lux-Rexe in den Rex-Clubs des Zentralverbandes Deutscher Kaninchenzüchter herangezogen und verbessert.

Größenmäßig gehören die Lux-Rexe in die leichtere Gewichtsklasse mit einem Normalgewicht von 3,0 kg.

Körperform und Fell sind wie bei allen vorhergehenden Rexrassen beschrieben. Kopf und Ohren werden auch bei den Lux-Rexen in der Position 2 mitbewertet.

Es ist den Züchtern gelungen, durchweg schöne Körperformen auf die Tiere zu züchten. Bei Kopf und Ohren ergeben sich noch Schwierigkeiten. Die Ohren sind oft im Verhältnis zum Körper zu lang. Schwache Kopfpartie ist manchmal eine berechtigte negative Bemerkung.

Die Deckfarbe, die den ganzen Körper umgeben soll, ist hellsilberblau, schwach braunrot durchscheinend getönt. Der Genickkeil ist braunrot. Die Augeneinfassung ist etwas heller. Die Kinnbackeneinfassung ist weiß. Hell bis weiß sind auch die Bauchdecke, die Innenseite der Läufe und die Unterseite der Blume.

Lux-Rexe, die nicht die richtige Fellstruktur aufweisen, also überstehende Grannen zeigen, werden nie die vom Standard geforderte Deckfarbe erreichen können. Deren Decke wirkt grau, grob und ist auch glanzlos. Hier müssten besonders die Preisrichter darauf achten, die Tiere mit den überstehenden Grannen, besonders an der Hinterpartie, zu strafen.

1,0 Lux-Rexe (H. Witting)

Die Augen sind blaugrau, je nach Lichteinfall rötlich durchleuchtend. Die Krallen sind hornfarbig. Bei leichten Bindenansätzen an den Vorderläufen muss mit Punktabzug gerechnet werden.

Die Zwischenfarbe ist Braunrot und zur Unterfarbe hin scharf abgegrenzt. Sie soll ein Drittel der Haarlänge breit sein.

Die Unterfarbe ist Weiß, die Bauchunterfarbe bläulich.

Leichte Fehler
Allgemeine Form- und Fellfehler, ferner Besonderheiten zum Rextyp.
Außerdem: Geringe Abweichung in der Deckfarbe; Bindenansätze; etwas schwache oder schmale Zwischenfarbe; nicht reinweiße Unterfarbe mit Ausnahme der Bauchunterfarbe; Bauchunterfarbe nur im Brust- und Schoßbereich.

Schwere Fehler
Allgemeine Form- und Fellfehler, ferner Besonderheiten zum Rextyp.
Außerdem: Stark durchsetzte Decke, starke Binden; sichtbar weiße Flecken in der Deckfarbe. Andere als die geforderte Augenfarbe, zweierlei oder farblose Krallen. Fehlende Zwischenfarbe; andere als weiße Unterfarbe, Bauchunterfarbe ausgenommen; gänzliches Fehlen der blauen Bauchunterfarbe.

Über die Loh-Rexe wird seit dem Jahre 1929 in der Fachliteratur gesprochen. Sie fanden jedoch erst im Jahr 1980 zur Anerkennung im Standard.

Bis zum heutigen Tag gibt es eine kleine Züchterschar, die sich dieser Rasse verschrieben hat.

Die Loh-Rexe sind in den Farbenschlägen Schwarz, Blau und Braun zugelassen, wobei überwiegend die schwarzen Loh-Rexe auf Ausstellungen zu sehen sind, vereinzelt noch die Blauen; braune Loh-Rexe sind eher eine Seltenheit.

Zur leichteren Gewichtsklasse gehörend beträgt das Normalgewicht der Loh-Rexe 3,0 kg.

Wie bei allen Rexrassen wird das typische Rexfell verlangt, das eine Haarlänge von 17 bis 20 mm haben sollte. Eine Besonderheit, die mit sehr vielen Schwierigkeiten verbunden ist, weist diese Rasse auf: die lohfarbigen Seitenspitzen. Darauf wird später bei den Abzeichen nochmals eingegangen.

Die Kopfzeichnung besteht aus der lohfarbigen Nasen- und Kinnbackeneinfassung, zwei lohfarbigen Punkten am Ohrenansatz und den Augenringen. Die Augenringe müssen geschlossen und nicht zu breit sein. Die Nasenlöcher sind scharf lohfarbig abgegrenzt und die Kinnbackeneinfassung sollte im Genick durchgehen.

Ein besonderes Augenmerk sollte man als Lohzüchter – ob von Kurzhaar oder Normalhaar – auf die Farbe der Ohren richten. Immer öfter sieht man Lohkaninchen, bei denen die Ohren insgesamt von Lohfarbe erfasst sind. Als Grundfarbe ist jedoch auch

1,0 Loh-Rexe, blau (E. Heuser)

bei den Ohren Schwarz, Blau oder Braun gefordert.

Die lohfarbige Zeichnung des Rumpfes ist scharf abgegrenzt. Die lohfarbige Seiteneinfassung am Rumpf soll etwa 2 cm hoch sein.

Lohfarbig ist auch die Brust. Sie ist breit lohfarbig ausgelegt, beginnt unter dem Kinn und geht zwischen den Vorderläufen hindurch zur Bauchfarbe über.

Der Bauch besitzt ebenfalls, wie die Abzeichen, eine feurige Lohe. Diese Lohe soll bei den Abzeichen bis zum Haarboden reichen. An den Vorderläufen treten lohfarbige Zehenpunkte deutlich in Erscheinung. Der lohfarbige Genickkeil sollte nicht zu groß sein. Er sei dreieckig oder abgerundet.

Eine Besonderheit sind die geforderten überstehenden lohfarbigen Seitenspitzen, die sich in einer Höhe von zwei Drittel des Rumpfes am Körper entlang erstrecken sollen. Hier kämpfen die Züchter gegen Naturgesetze. Ist beim Fell der Rexfaktor vorhanden, fehlen die lohfarbigen Seitenspitzen oder sind nur sehr schwach ausgeprägt. Sind hingegen die Seitenspitzen vorhanden, dann stimmen die Fellstruktur und der Rexfaktor nicht mehr. In diesem Fall haben wir überstehende Grannen und ein raues, nicht senkrecht zum Haarboden stehendes Fell.

Hier müssen in absehbarer Zeit die Züchter das Machbare im Standard verankern lassen. Denn zurzeit sind fehlende Seitenspitzen noch ein schwerer Fehler.

Die Farbe wird bei allen Farbenschlägen rein und intensiv und gut glänzend verlangt. Bei einem satten, gut glänzenden Fell kommt auch die Zeichnung in Vollendung zum Vorschein.

Die Augenfarbe bei Schwarz- und Braunloh ist Braun, beim Blauloh Blaugrau. Die Krallen sind bei allen dunkel- bis schwarzbraun.

1,0 Loh-Rexe, schwarz

Leichte Fehler
Allgemeine Form- und Fellfehler, ferner Besonderheiten zum Rextyp.
Außerdem: Schwache Einfassung der Nasenlöcher; melierte Schnauze; ungleichmäßig geformte Augenringe; schwache Kinnbackeneinfassung; nicht durchgehende Kinnbackeneinfassung; schwach geränderte Ohren. Schmale sowie verschwommene Brustzeichnung; schwache Brustlohe; schwache Seiteneinfassung; ungleichmäßige oder sehr ausgeprägte Seiteneinfassung; ungleichmäßige oder sehr schwach ausgeprägte Seitenspitzen. Langer, schlecht geformter oder wolkiger Keil. Schwache oder verschwommene Zeichnung der Vorder- und Hinterläufe; leicht durchsetzte Deckfarbe; unreiner Kopf.

Schwere Fehler
Allgemeine Form- und Fellfehler, ferner Besonderheiten zum Rextyp.
Außerdem: Völlig fehlende Zeichnungsmerkmale; starke Unterbrechung eines oder beider Augenringe; völlig dunkle Brust; Fehlen der Seiteneinfassung und der Seitenspitzen; weiße Bauchfarbe. Stark mit weißen oder lohfarbigen Haaren durchsetzte Deckfarbe; sichtbare weiße Flecken in der Deck- und Zeichnungsfarbe; reinweiße Unterseite der Blume. Andere als die geforderte Augenfarbe; zweierlei oder farblose Krallen.

Marder-Rexe

Auf der Bundes-Kaninchenschau im Jahre 1956 in Stuttgart waren die Marder-Rexe noch nicht vertreten. Erst 1966 waren die ersten Tiere auf Großschauen zu sehen. Den Höhepunkt erreichten die Marder-Rexe im Jahre 1987 auf der größten Bundesschau in Stuttgart mit insgesamt 202 Tieren in den beiden Farbenschlägen.

Die Marder-Rexe zählen wie alle Punktschecken zu den spalterbigen Rassen. Die Zucht dieser Tiere ist nicht einfach. Sie bildet für Züchter, welche die Herausforderung lieben, ein breites Betätigungsfeld. Eine gute Kenntnis in der Vererbungslehre ist bei dieser Rasse schon dienlich. Bei den Marder-Rexen sprechen wir auch von Teilalbinos.

Zur leichteren Gewichtsklasse gehörend haben die Marder-Rexe ein Normalgewicht von 3,0 kg.

Die Körperform ist wie bei allen Rexen leicht gestreckt. Vorder- und Hinterpartie sollten möglichst gleich breit sein. Eine schön abgerundete Hinterpartie und mittellange, kräftige Läufe sollte ein gutes Tier schon besitzen.

Bei unseren Marder-Rexen wird die Position Kopf und Ohren mit der Körperform bewertet. Die Kopf- und Ohrenform wurde bereits bei anderen Rexrassen ausführlich beschrieben.

Eine entscheidende Fellverbesserung bei den Marder-Rexen, braun, haben Zuchttiere aus England gebracht, die der bekannte Marder-Rex-Züchter Josef Breuer aus dem Saarland einsetzte.

Marder-Rexe gibt es in den Farbenschlägen Braun und Blau, wovon jede in einer helleren und mittleren Tönung zugelassen ist. Nicht zugelassen sind die

1,0 Marder-Rexe, blau (Hans-Werner Marx)

fast einfarbigen, dunklen Tiere (Homozygoten).

Bei homozygoten Mardern sind die Augen nicht rot durchleuchtend.

Bei der Deckfarbe wird ein lichtes Braun bzw. Blau verlangt. An den Körperseiten und den Flanken verläuft die Farbe etwas heller. Die Partien an den Hinterschenkeln und den Schulterblättern sind etwas dunkler. Backen, Brust und Bauch sind hellbraun bzw. hellblau.

Die Augen sind braun, bei den Marder-Rexen, blau, sind sie je nach Lichteinfall rötlich durchleuchtend. Die Krallen sind dunkelhornfarbig.

Als Abzeichen gilt bei den Marder-Rexen ein etwas dunkler breiter Streifen über dem Rücken, der seitlich nicht scharf abgegrenzt sein muss, außerdem die Gesichtsmaske. Sie ist dunkel und erstreckt sich etwa bis in Augenhöhe. Ohren, Läufe und Blume sind ebenfalls etwas dunkler. Dunkel schattiert ist auch die Augeneinfassung. Da auch die Augenringeinfassung dunkel verlangt wird, erscheint bei vielen Tieren die Maske etwas groß. Ideal erscheint die Maske, wenn sie sich in Augenhöhe teilt und zu den Ohren hin in helle Deckfarbe übergeht.

Die Unterfarbe ist bei beiden Farbenschlägen bläulich. Sie soll sich je nach Intensität der Decke anpassen. Bei helleren Körperstellen etwas heller, an Rücken und Bauch etwas dunkler.

Die Züchter der Marder-Rexe müssen, um auf Ausstellungen erfolgreich zu sein, ihre Würfe den zu beschickenden Ausstellungen anpassen. Es ist nicht sinnvoll, alle Würfe im Januar, Februar oder März zu bekommen. Denn Marder-Rexe sind nach etwa sechs bis sieben Monaten in ihrer Blüte und verändern sich dann rasch in negativer Hinsicht. Die Felle werden stumpf, fleckig und fahl.

1,0 Marder-Rexe, braun (Caren Schlange)

Eine unsachgemäße Behandlung, wie das grobe Anfassen an der Fellhaut beim Aufheben, kann ebenfalls später dunkle Flecken in der Decke hervorrufen. Zu alledem kommen dann noch Witterungseinflüsse und Temperaturunterschiede hinzu, die die Zucht der Marder-Rexe nicht sonderlich leicht machen.

Aber gerade weil die Zucht der Marder-Rexe eine Herausforderung ist, hat sich ein Züchterkreis gebildet, der schon über Jahre hinweg dieser schönen und interessanten Rasse die Treue hält.

Leichte Fehler
Allgemeine Form- und Fellfehler, ferner Besonderheiten zum Rextyp.
Außerdem: Etwas dunkle oder fleckige Deckfarbe; leichte Durchsetzung mit weißen Haaren; unvollständiger Rückenstreifen; große Maske; schwache oder verschwommene Abzeichen; unreine oder durchsetzte Unterfarbe.

Schwere Fehler
Allgemeine Form- und Fellfehler, ferner Besonderheiten zum Rextyp.
Außerdem: Völlig dunkle Deckfarbe; stark weiß durchsetzte Deckfarbe; sichtbare weiße Flecken. Andere als die geforderte Augenfarbe; zweierlei oder farblose Krallen. Völlig dunkler Kopf und Ohren; Fehlen der dunklen Abzeichen; stark unreine oder weiße Unterfarbe.

Bei der 7. Bundesschau 1966 in Stuttgart wurden sie erstmals als Neuzüchtung vom Züchter Helmut Kassner aus Singen ausgestellt. Nachdem sich ein paar interessierte Züchter dieser Neuzüchtung annahmen und sie auf Großschauen zeigten, dauerte es allerdings noch geraume Zeit, bis diese Rasse im Jahre 1980 in den deutschen Standard aufgenommen wurde.

Inzwischen sind zwei Farbenschläge in den Zeichnungsfarben Schwarz und Blau zugelassen. Beide Farbenschläge haben noch nicht die große Verbreitung geschafft, wobei die Blauen noch seltener zu sehen sind als die Schwarzen.

Gewichtsmäßig gehören die Russen-Rexe in die leichtere Gewichtsklasse mit einem Normalgewicht von 3,0 kg. Das Höchstgewicht beträgt zurzeit noch 4,5 kg. Tiere mit einem annähernd hohen Gewicht gehören nicht in diese sportliche Rasse.

Auch bei diesem Kaninchen wird der Rextyp verlangt: eine leichte Walzenform mit ebenmäßiger Rückenlinie.

In den letzten Jahren hat sich vor allen Dingen die Körperform bei dieser Rasse enorm verbessert. Das Gesamterscheinungsbild ist positiver geworden. Jedoch sind die Russen-Rexe noch immer keine Rasse für Züchter, die sofort gewinnen und

1,0 Russen-Rexe, schwarz-weiß (J. Lohmann)

auch noch ganz vorne dabei sein wollen. Kurz gesagt, die Russen-Rexe sind eine Rasse für Idealisten und Liebhaber.

Eines der Merkmale der Russen-Rexe sind die farbigen Abzeichen auf der weißen Grundfarbe. Sie bestehen aus der Kopfzeichnung mit farbigen Ohren und einer Maske, die eine länglich runde, ovale Form haben soll. Sie soll scharf abgegrenzt sein, die Nase bedecken und nicht über die Augenhöhe hinaus reichen.

Die seitliche Begrenzung ist der Oberkiefer. Die Maske sollte nur mit einem leichten Hauch den Unterkiefer erfassen. Die farbigen Ohren sind an der Ohrwurzel scharf abgegrenzt. Auch bei der Kopfzeichnung tauchen immer wieder Fehler auf wie unreiner Ohrenansatz, zackige oder große Maske, leichter Augenrandanflug.

Die Rumpfzeichnung wird von den dunkelfarbigen Vorder- und Hinterläufen sowie der Blume gebildet. Gewünscht wird die Zeichnung der Vorderläufe bis zum vordersten Glied. Die Hinterläufe dagegen sollten bis zum Sprunggelenk farbig erscheinen. Die gleiche Färbung ist an der Blume vorgesehen. In dieser Position wird oft verschwommene Zeichnung der Läufe bemängelt.

Aber gerade diese gewünschte klare Zeichnung vermissen wir teilweise noch bei vielen Stämmen der Ursprungsrasse, den Normalhaar-Russen.

Der Durchsetzung der Ohrenränder mit weißen Haaren sollte mehr Beachtung geschenkt werden.

Das Russen-Rex-Kaninchen unterliegt der Kälteschwärzung: Bei Kälteeinbruch bessert die Farbe in der Intensität nach. Doch möchte ich klar herausstellen, dass ein Russen-Rex mit schwacher Zeichnungsfarbe im Sommer nicht zu einem farbenstrotzenden Supertier zur Winterzeit werden kann. Die Farbe der Augen ist bei beiden Farbenschlägen rot durchleuchtend. Die Krallen sind dunkelbraun. Fehlerhafte farblose Krallen sind keine Seltenheit.

Leichte Fehler

Allgemeine Form- und Fellfehler, ferner Besonderheiten zum Rextyp. Außerdem: Etwas grobe oder gezackte Maske; leichter Augenrandanflug; unreine Ohrenansätze; kurze oder lange sowie verschwommene Zeichnung der Läufe; gelber oder grauer Anflug; leicht durchsetzte Zeichnungsfarbe.

Schwere Fehler

Allgemeine Form- und Fellfehler, ferner Besonderheiten zum Rextyp. Außerdem: Zu große Maske, die den gesamten Unterkiefer bedeckt; starke Augenrandringe; weiße Flecken in der Maske, an den Ohrenrändern, in den Ohren und Ohrenansätzen. Grobe Zacken oder Weiß in den farbigen Läufen. Unreine Grundfarbe; starke Durchsetzung der farbigen Abzeichen mit weißen Haaren. Andere als die vorgeschriebene Augenfarbe, zweierlei oder farblose Krallen.

Die Japaner-Rexe sind bereits seit 1950 in der Schweiz anerkannt. Aber erst seit 2007 wurde diese Rasse auch innerhalb des ZDRK zugelassen.

Gewichtsmäßig gehören die Japaner-Rexe in die schwerere Gewichtsklasse mit einem Normalgewicht von über 3,5 kg. Das Höchstgewicht beträgt 4,5 kg.

Für die Kopf- und Ohrenzeichnung ist der Kontrast der Farben Schwarz bzw. Schwarzgeblümt und Gelb bzw. Gelbgeblümt charakteristisch. Ideal ist eine kreuzweise geteilte Zeichnungsanlage.

Die Farben Schwarz und Gelb sind über den ganzen Körper unregelmäßig verteilt, ohne dabei zu große Farbfelder zu bilden. Gefordert wird, durchgehend oder versetzt, die Ring- oder Fleckenzeichnung. Auf jeder Seite werden mindestens drei Farbfelder, die sich auf der Mitte des Rückens teilen, gefordert. Tiere mit unterschiedlicher Anzahl von Farbfeldern auf beiden Seiten können bewertet werden. Die Zeichnung von Brust und Vorderläufen soll mit der Kopf- und Ohrenzeichnung übereinstimmen, wobei Schwarz und Gelb kreuzweise versetzt sein sollen.

Die Farben Schwarz und Gelb sollen sich durch gute Abgrenzung der Farbfelder voneinander abheben. Die einzelnen Farbfelder werden rein erwünscht ohne starke Durchsetzung der Zeichnungsfarben. Die Farbfelder sollen in der Mitte intensiv farbig und mit gutem Glanz versehen sein. Gelb darf variieren, doch ist eine satte Farbe vorzuziehen. Die Farbe des Bauches ist etwas matter und glanzloser. Am Bauch, an der Innenseite der Läufe und der Unterseite der Blume bleiben weiße Flecken oder Felder unberücksichtigt. Die Augen sind braun, die Krallen hornfarbig.

0,1 Japaner-Rexe

Leichte Fehler
Allgemeine Form- und Fellfehler, ferner Besonderheiten zum Rextyp. Außerdem: Nicht kreuzweise geteilte Kopf- und Ohrenzeichnung. Große Farbfelder (mehr als ein Drittel der Körperlänge); einfarbige Vorderläufe mit gleichfalls einfarbiger Brustfarbe. Etwas unreine, durchsetzte Farben.

Schwere Fehler
Allgemeine Form- und Fellfehler, ferner Besonderheiten zum Rextyp. Außerdem: Gänzlich einheitlich geblümter Kopf mit beidseitig gleichfarbigen Ohren. Völlig durchsetzte, verschwommene Farbfelder am Rumpf; weniger als drei Farbfelder auf einer Seite. Weiße Flecken oder Felder an den sichtbaren oberen Körperteilen; weiße Abzeichen an Nase oder Zehen. Andere als braune Augen; pigmentlose Krallen.

Thüringer-Rexe

Die Thüringer-Rexe gelten zurzeit (2013) noch nicht als anerkannte Rasse, sondern seit 2011 im ZDRK als zugelassene Neuzüchtung.

Gewichtsmäßig gehören die Thüringer-Rexe in die schwerere Gewichtsklasse mit einem Normalgewicht von über 3,5 kg. Das Höchstgewicht beträgt 4,5 kg.

1,0 Thüringer-Rexe

Als ideale Farbausprägung gilt bei den Thüringer-Rexen die harmonische Verbindung der gelbrötlich braunen Deckfarbe mit dem dunklen Anflug, der als rußartiger Schleier gleichmäßig auf der Decke liegt. Die Bauchdeckfarbe ist dunkel (rußartig). Die Augen sind braun, die Krallen dunkelhornfarbig.

Die Maske, die nicht über die Höhe der Augen reichen soll, ist ohne scharfe Abgrenzung stark rußartig und über dem Nasenrücken am dunkelsten. Die Ohren und die Läufe sind ebenso dunkel und rußartig ohne scharfe Abgrenzung. Die Augen sind dunkel umgrenzt. Die Kinnbacken sind rußig eingefasst. Die Blume ist dunkel, sie läuft in einer helleren Spitze aus. An den Seiten und Hinterschenkeln zieht sich ein breiter, rußiger Streifen hin – je kräftiger dieser hervortritt, umso besser.

Die Unterfarbe auf dem Rücken ist kräftig gelbrötlich und reicht bis zum Haarboden. An den dunklen Körperstellen darf die Unterfarbe cremefarbig bis graublau sein.

Leichte Fehler

Allgemeine Form- und Fellfehler, ferner Besonderheiten zum Rextyp.
Außerdem: Hellgelbe, fahlgelbe oder nicht der angegebenen Farbbezeichnung entsprechende Deck- bzw. Bauchdeckfarbe; schwacher, flockiger oder etwas viel Rußanflug; etwas dunkler Kopf; leichte Durchsetzung der Deckfarbe mit weißen Haaren; schwache, unklare oder farblich unreine Abzeichen; über die Augen reichende Maske. Schwache, schmale, unreine oder weiß durchsetzte Unterfarbe; leicht bläuliche Unterfarbe am Rücken.

Schwere Fehler

Allgemeine Form- und Fellfehler, ferner Besonderheiten zum Rextyp.
Außerdem: Stark mit weiße Haaren durchsetzte Deckfarbe; sichtbar weiße Flecken; gänzliches Fehlen des Rußanflugs; ganz dunkler Kopf. Andere als braune Augenfarbe; zweierlei oder pigmentlose Krallen. Gänzliches Fehlen eines oder mehrerer Abzeichen. Blaue Unterfarbe am Rücken.

Hotot-Rexe

Die Farbe Hotot ist von verschiedenen Kaninchenrassen her bekannt. Jetzt hat sie auch bei den Rexkaninchen Einzug gehalten. Seit 2012 sind die Hotot-Rexe im ZDRK als Neuzüchtung zugelassen.

Sie zählen auch zu der schwereren Gewichtsklasse mit einem Normalgewicht von über 3,5 kg und einem Höchstgewicht von 4,5 kg.

Als Zeichnung tritt bei den Hotot-Rexen nur ein schwarzer, schmaler Augenring von 3 bis 5 mm Breite in Erscheinung. Er umfasst die Augen gleichmäßig breit. Die Augenlider verlaufen nach den Seiten hin etwas mehr fleischfarbig.

Anerkannt ist bei dieser Rasse nur der schwarz-weiße Farbenschlag. Die Deckfarbe soll mit gutem Glanz versehen sein

1,0 Hotot-Rexe

und ist – außer die Augenringe – reinweiß. Sie erstreckt sich ohne jede farbliche Abweichung über den gesamten Körper, Kopf und Ohren, Bauchseite und Läufe eingeschlossen.

Ebenso weiß ist die Unterfarbe, die sich von der Deckfarbe nicht unterscheidet. Die Augen sind dunkelbraun, keinesfalls gefleckt oder marmoriert. Die Krallen sind pigmentlos.

Leichte Fehler

Allgemeine Form- und Fellfehler, ferner Besonderheiten zum Rextyp.

Außerdem: Etwas breite, schmale oder ungleichmäßige Augenringe. Fleischfarbige Augenlider (außer nach den Seiten hin), leicht weiß durchsetzte Augenringe; Farbabweichungen am Körper; leicht gelblicher oder grauer Anflug; schwacher Glanz.

Schwere Fehler

Allgemeine Form- und Fellfehler, ferner Besonderheiten zum Rextyp.

Außerdem: Zu breite Augenringe (über 6 mm); unterbrochene Augenringe. Mit weißen Flecken durchsetzte Augenringe; dunkle Flecken am Körper; stark gelblicher oder grauer Anflug in der Deckfarbe; fehlender Glanz. Andere als die geforderte Augenfarbe; zweierlei Krallenfarbe.

Klein-Rexe, luxfarbig

Die Klein-Rexe sind eine ganz neue Rasse unter den Rexen. Von ihnen sind bisher nur die luxfarbigen Klein-Rexe als Neuzüchtung zugelassen (Stand 2013).

Wie der Name vermuten lässt, gehören sie zu der leichteren Gewichtsklasse. Das Normalgewicht beträgt zwischen 2,0 und 2,5 kg, das Mindestgewicht 1,70 kg und Höchstgewicht 2,75 kg.

Die Bewertung der Klein-Rexe, luxfarbig erfolgt nach demselben Bewertungsspiegel wie bei den größeren Lux-Rexen.

Siehe auch dort die anzuwendenden leichten und schweren Fehler.

Zwerg-Rexe

Bei den Zwerg-Rexen – früher wurden sie Rexzwerge genannt – handelt es sich um eine Abteilung der Rexkaninchen, die zurzeit wie kaum eine andere Kaninchenrasse neue Züchter zu verzeichnen hat. Platzmangel, wenig Futterbedarf und die Größe der

Von den Klein-Rexen ist bisher nur der Farbenschlag luxfarbig als Neuzüchtung zugelassen.

Tiere, aber ebenso das weiche, samtartige Fell spielen mit eine entscheidende Rolle für den Zuchtbeginn.

Doch ist aller Anfang schwer, so auch die Zucht unserer Zwerg-Rexe. Auf Ausstellungen sieht man trotzdem heute schon recht ansprechende Tiere.

Aufgenommen in den Standard wurde diese Rasse im Jahre 1980 in allen zugelassenen Farbenschlägen wie bei den großen Rexen. Erst in den 1990er-Jahren erschienen vermehrt Zwerg-Rexe auf Großschauen. So standen 1993 in Essen 22 Rexzwerge und 2001 in Bremen weit über 200 Tiere. Auf der 19. Rexschau der Arbeitsgemeinschaft Deutscher Rexzüchter in Dingolfing waren es immerhin 151 Zwerge in acht verschiedenen Farben. Zuletzt wurden bei einer Ausstellung des ADRC 300 Tiere mit 15 verschiedenen Farbenschlägen gezeigt.

Der **Körper** der Zwerg-Rexe ist gedrungen, walzenförmig, vorne und hinten gleichmäßig breit. Die Rückenlinie ist kurz und hinten gut abgerundet. Infolge der Kurzhaa-

Bewertungsspiegel für alle Zwerg-Rexe			
Zwerg-Rexe, weiß Rotaugen	Pos. 4 Kopf	Pos. 5 Ohren	Pos. 6 Farbe und Gleichmäßigkeit
Zwerg-Rexe, chinchillafarbig*		Pos. 5 Deck- und Zwischenfarbe	Pos. 6 Unterfarbe
Zwerg-Rexe, blau		Pos. 5 Deckfarbe, Gleichmäßigkeit	Pos. 6 Unterfarbe
Zwerg-Rexe, dreifarbenschecken		Pos. 5 Kopf- und Rumpfzeichnung	Pos. 6 Farbe
Zwerg-Rexe, dalmatiner dreifarbig-weiß		Pos. 5 Kopf- und Rumpfzeichnung	Pos. 6 Farbe
Zwerg-Rexe, dalmatiner schwarz-weiß		Pos. 5 Kopf- und Rumpfzeichnung	Pos. 6 Farbe
Zwerg-Rexe, dalmatiner blau-weiß		Pos. 5 Kopf- und Rumpfzeichnung	Pos. 6 Farbe
Zwerg-Rexe, dalmatiner havanna-weiß		Pos. 5 Kopf- und Rumpfzeichnung	Pos. 6 Farbe
Zwerg-Rexe, gelb		Pos. 5 Deckfarbe, Gleichmäßigkeit	Pos. 6 Unterfarbe
Zwerg-Rexe, castorfarbig		Pos. 5 Deck- und Zwischenfarbe	Pos. 6 Unterfarbe
Zwerg-Rexe, schwarz		Pos. 5 Deckfarbe, Gleichmäßigkeit	Pos. 6 Unterfarbe
Zwerg-Rexe, havannafarbig		Pos. 5 Deckfarbe, Gleichmäßigkeit	Pos. 6 Unterfarbe
Zwerg-Rexe, blaugrau		Pos. 5 Deck- und Zwischenfarbe	Pos. 6 Unterfarbe
Zwerg-Rexe, rhönfarbig		Pos. 5 Zeichnung	Pos. 6 Farbe
Zwerg-Rexe, fehfarbig		Pos. 5 Deckfarbe, Gleichmäßigkeit	Pos. 6 Unterfarbe
Zwerg-Rexe, luxfarbig		Pos. 5 Deck- und Zwischenfarbe	Pos. 6 Unterfarbe
Zwerg-Rexe, lohfarbig		Pos. 5 Kopf- und Rumpfzeichnung	Pos. 6 Farbe
Zwerg-Rexe, marderfarbig		Pos. 5 Kopf- und Rumpfzeichnung	Pos. 6 Farbe
Zwerg-Rexe, russenfarbig		Pos. 5 Kopf- und Rumpfzeichnung	Pos. 6 Farbe
Zwerg-Rexe, japanerfarbig		Pos. 5 Kopf- und Rumpfzeichnung	Pos. 6 Farbe

* ab hier jeweils Position 4 Kopf und Ohren

Gewichtsbewertung						
1,0 kg	bis 1,1 kg	bis 1,2 kg	bis 1,4 kg	bis 1,45 kg	bis 1,5 kg	bis 1,6 kg
17 Punkte	18 Punkte	19 Punkte	20 Punkte	19 Punkte	18 Punkte	17 Punkte

rigkeit treten die einzelnen Körpermerkmale stärker in Erscheinung als bei den normalhaarigen Zwergrassen. Dies ist bei der Beurteilung der Form zu berücksichtigen.

Die **Läufe** sind kurz und dem Zwergtyp angepasst, die kleine Blume liegt am Körper an. Der Körper der Häsin unterscheidet sich von dem des Rammlers kaum und ist von jeglichem Wammenansatz frei.

Das **Fell** der Zwerg-Rexe entspricht dem der Rexe allgemein, ist nur in der Länge von 14 bis 17 mm festgelegt. Auch dürfen hier die Haare weder wellig sein noch Locken bilden. Die feinen, nicht gekrümmten Grannenhaare sollen mit der Decke abschließen. Die Grannenspitzen dürfen höchstens 1 mm überstehen.

Leichte Lockenbildung im Genickbereich und am Bauch wird sich nicht vermeiden lassen. Je glatter die Nackenpartie, umso wertvoller das Fell und desto besser die Haarstruktur. Die Ohren sind auch bei den Zwerg-Rexen gut behaart. Wie bei den anderen Zwergrassen haben auch sie eine gesonderte Position für die Beurteilung von Kopf und Ohren.

Der **Kopf** tritt entsprechend dem Zwergtyp markant in Erscheinung, ist jedoch wegen der Kurzhaarigkeit nicht so kräftig wie bei den Hermelin und Farbenzwergen. Der Kopf der Häsin ist nicht so ausgeprägt, zeigt weniger Stirnbreite und weniger Backen. Die Ohren sind der Zwergform entsprechend relativ kurz, stehen eng zusammen, haben eine feste Struktur und sind nach oben leicht in V-Form getragen. Wegen der Kurzhaarigkeit erscheinen die Ohren jedoch etwas länger als bei den Hermelin.

Als Ideal gilt eine **Ohrenlänge** von etwa 6 cm. Die Mindestlänge beträgt 5 cm, die Höchstlänge 7,5 cm.

Die **Deck-, Zeichnungs-** und **Zwischenfarbe** wird sinngemäß wie bei den vorstehenden großen Rexen verlangt. Auch die Unterfarbe und Farbe entsprechen den bei den anerkannten Rexrassen genannten.

Als leichte und schwere Fehler in den Positionen 2 „Körperform, Typ und Bau“ und Position 4 „Kopf und Ohren“ gelten sinngemäß jene der Farbenzwerge, wobei die unterschiedlichen Maßangaben zur Ohrenlänge zu berücksichtigen sind; die Kurzhaarigkeit ist weiterhin zu beachten. Für die Fell-, Farb- und Zeichnungsfehler sind jene der betreffenden Rexrassen maßgebend.

1,0 Zwerg-Rexe, schwarz (ZGM Schmidt)

1,0 Zwerg-Rexe, gelb (Frank Sturm)

1,0 Zwerg-Rexe, rhönfarbig (Horst Bahn)

0,1 Zwerg-Rexe, castorfarbig (Franz Gerger)

1,0 Zwerg-Rexe, russenfarbig (Matthias Rübsam)

0,1 Zwerg-Rexe, weiß RA (Hartmut Henschen)

0,1 Zwerg-Rexe, dalmatinerfarben schwarz-weiß (Hartmut Henschen)

1,0 Zwerg-Rexe, chinchillafarben (Gerd Wolf)

0,1 Zwerg-Rexe, havannafarben

1,0 Zwerg-Rexe, japanerfarbig

Kahlstellen an den Läufen – Ursachen und Bekämpfung

von Ernst Gilcher

Wir haben uns bei der Beschaffenheit der Rexfelle schon kurz mit Kahlstellen an den Läufen befasst, sind aber darauf noch nicht näher eingegangen. Um Ihnen als Leser, Züchter oder auch Anfänger eine kleine Hilfestellung zu geben, schildere ich nachfolgend meine Erfahrungen über die Kahlstellen an den Läufen bei Rexkaninchen als Züchter und auch als Preisrichter.

Besonders haben mich die verschiedenen Auslegungsarten über Kahlstellen an den Läufen durch Preisrichterkollegen und die dann oft so hilflosen Zuchtfreunde nach den Bewertungen motiviert, dieses Thema in dieser Broschüre abzuhandeln.

Hierbei möchte ich mich der Abteilung Kurzhaarrassen zuwenden, da diese überdurchschnittlich oft mit diesem Phänomen in der Zucht konfrontiert wird.

Im Bereich der Läufe unterscheiden wir **Kahlstellen an den Vorderläufen und an den Hinterläufen.** Die Ursachen können unterschiedlichster Natur sein.

An den **Vorderläufen** treten Kahlstellen meistens am Ballen der Vorderfußzehen auf. Hierbei handelt es sich oft um eine großflächige Kahlstelle in der Mitte des Vorderfußes. Für diesen Fehler in der Position 3 muss es unweigerlich „n. b.“ geben. Ist diese Stelle des Fußes jedoch, wie sehr oft – vor allen Dingen während der Haarung – nur schwach behaart oder die Kahlstelle nur leicht überdeckt, so sollten unsere Preisrichterkollegen nicht gleich das Tier aus der Wertung nehmen. Gerade in der Umbruchzeit haben viele Stämme mit schwach behaarten Läufen zu kämpfen.

Wir kennen aber auch noch Kahlstellen an den Vorderfußzehen. Hier werden oft Entscheidungen gefällt, die für viele Rexzüchter nicht nachvollziehbar sind.

Durch die heutigen Stallbauweisen in Beton, Edelstahl oder auch die Haltung in Kotschubladen kommt es immer wieder vor, dass infolge ganz natürlicher Kratz- und Wühlvorgänge mit den Vorderläufen auf fast glattem Untergrund die Behaarung an den Vorderfußzehen zur Seite hin ausweicht und auch in dieser Stellung verbleibt.

Kommen solche Tiere dann zu einer Ausstellung und die Zehenballen sind sichtbar, wird sehr oft mit der Bewertungsnote „n. b.“ entschieden.

Dabei wäre es ein Leichtes gewesen, die Behaarung an den Zehen einmal nach links oder rechts zu bewegen. Dies ist sicherlich kein Muss für unsere Preisrichter, aber eine Geste, die von uns Rexzüchtern sehr positiv aufgenommen würde.

Die Bemerkung „schwach behaarte Vorderfußzehen“ und Punktabzug würden dann voll und ganz akzeptiert. Jedenfalls besser als ein „nicht befriedigend“.

Wenn ich nun auf die schwach behaarten Stellen oder gar Kahlstellen an den **Hinterläufen** zu sprechen komme, möchte ich wie schon bei den Vorderläufen die einzelnen Erscheinungsformen ansprechen.

Die Kahlstellen am Mittelfußknochen weisen häufig entzündete Druckstellen auf. Tiere, die ein solches Krankheitsbild aufzeigen, haben überwiegend ein zu weiches, kurzes oder auch dünnes Fell. Eine weitere Züchtung mit solchen Tieren wird immer wieder neue Probleme aufwerfen.

Sehr oft sind der Mittelfußknochen oder auch die Knochenhaut von der Entzündung angegriffen. In einigen wenigen Fällen kommt es gar zu Eiteransammlung seitlich am Mittelfuß. Bei Feststellung solcher Mängel sollte man sich, so schwer es auch fällt, von einem geliebten Zuchttier trennen.

Kahlstellen oder auch schwach behaarte Stellen am Mittelfuß sollten von unseren

Preisrichtern aufmerksam betrachtet und je nach Zustand geahndet werden.

Vereinzelt werden auch Kahlstellen an den hinteren Zehenknochen mit Krallen festgestellt, die oft durch Fellfresser verursacht werden. Hier hilft oft schon eine Änderung in der Haltung.

Erste **Anzeichen** bei einem Rexkaninchen auf Kahlstellen an den Läufen sind vorsichtiges Auftreten mit den Laufsohlen oder auch vorsichtiges Zusammenlegen der Vorderläufe unter dem Rumpf. Auch wurde wiederholt beobachtet, dass die befallenen Kaninchen die Vorderläufe leicht schütteln. Ein Trommeln mit den Hinterläufen findet wegen vorhandener Schmerzen nicht mehr statt. Die so geplagten Tiere zeigen auch nichts mehr von ihrem sonstigen putzmunteren Verhalten.

Als eine der wichtigsten **Ursachen** für Kahlstellen an den Läufen halte ich den plötzlichen Stallwechsel, zum Beispiel beim Zukauf auf Ausstellungen. Beim Kauf eines Ausstellungstieres ist dem neuen Halter fast nie bekannt, wie der Verkäufer seine Kaninchen gehalten hat. Ich möchte hierbei nur an Rosthaltung (Draht, Kunststoffroste) oder auch an die verschiedensten Einstreumethoden erinnern.

Nach meinen jahrelangen Beobachtungen ist es oft sehr schwer oder teilweise sogar unmöglich, ein Rexkaninchen, welches auf einer Einstreu gehalten wurde, plötzlich nach dem Kauf auf einem Kunststoffrost zu halten. Bei dieser Umgewöhnungsphase kommt es oft zu einer Stresssituation, wobei das neu aufgestallte Kaninchen in Einzelfällen sogar das gesamte Fellhaar an den Vorderläufen benagt oder auch abfrisst.

Werden solche Kaninchen dann in ihrer ursprünglichen Aufstallungsart untergebracht, so tritt wieder Normalität ein und das Fellhaar wächst in den Normalzustand, ohne dass das Kaninchen wieder die Fellhaare an den Läufen auffrisst. Einem erfahrenen Züchter dürfte dies jedoch nicht passieren. Er wird sich mit dem Verkäufer in Verbindung setzen und Fütterungs- und Haltungsbedingungen in Erfahrung bringen.

Der Käufer auf Ausstellungen kann aber auch gleich mit Kahlstellen bei seinem gekauften Tier konfrontiert werden. Er hat vor dem Kauf nicht die Möglichkeit, sich sein auserwähltes Tier genauer auch an den Laufsohlen anzuschauen. Hier müsste die Schauleitung dem Käufer entgegenkommen und das kranke Tier zurücknehmen.

Wenn ich bis jetzt von Kahlstellen an den Läufen gesprochen habe, so beziehe ich dies lediglich auf felllose, entzündete oder gar offene Stellen auf den Laufsohlen der Hinterläufe.

Auf die in der Kurzhaarkaninchenzucht so oft vorkommende sogenannte Kahlstelle am **Hinterfußwurzelknochen** (Sprunggelenk) möchte ich jetzt eingehen.

Die in der Züchterwelt als sogenannte „Erbse“ bekannte Kahlstelle hat schon oft die Gemüter der Rexzüchter, zu Recht oder zu Unrecht, bewegt.

Der Hinterfußwurzelknochen, der das Sprunggelenk bildet, ist bei vielen Kaninchen nicht behaart. Ich erinnere nur an die Riesenkaninchen oder auch als Gegensatz an Hermelin. Diese Rassen haben unseren Rexkaninchen allerdings etwas voraus: Sie haben eine andere Felllänge, die solche Schönheitsfehler ohne Weiteres retuschiert. Mit diesen Felllängen werden diese Kahlstellen überdeckt und sind auch nicht zu beanstanden.

Bei unseren Rexkaninchen ist dies teilweise ebenso. Die Kahlstellen werden voll und ganz überdeckt. Sind Kahlstellen vorhanden und es bestehen Zweifel, so ist im Standard festgelegt, dass die Überdeckung des Sprunggelenkes bei ausgestrecktem Hinterlauf zu begutachten ist. Wird das

Sprunggelenk dann überdeckt, so erfolgt kein Punktabzug.

In diesem Zusammenhang sei kurz an unseren menschlichen Körper erinnert. Haben wir nicht auch größtenteils haarlose Ellenbogen- oder Kniegelenke?

Ursachen für Kahlstellen an den Sprunggelenken können nach meinen Beobachtungen auch auf Ausstellungen auftreten. Feuchte Einstreu durch ausgeschüttetes Wasser oder ständiges Wühlen (natürliche Verhaltensweise von Kaninchen) beim Einstallen haben schon oft manche große Hoffnung zunichte werden lassen.

Sieht man sich die Tiere dann am 3. oder 4. Tag an, so sind die Läufe wieder trocken und keine Kahlstellen mehr sichtbar.

Auch hier wünsche ich mir mehr Toleranz vonseiten der Preisrichterkollegen den Rexzüchtern gegenüber. Immerhin werden von diesen Züchtern auf unseren Bundesschauen etwa 10 % der ausgestellten Tiere gezeigt. Ich meine, das ist doch beachtlich.

Richtige Haltungsbedingungen

Wenn ich einleitend die Einstreu oder die Aufstallungsart kurz als mögliche Ursachen für Kahlstellen angesprochen habe, so möchte ich doch etwas näher darauf eingehen.

Die Industrie bietet uns Kaninchenzüchtern heute die vielfältigsten Möglichkeiten, unsere Kaninchen unterzubringen oder auch einzustreuen. Es gibt unter anderem Roste aus verzinktem Material, Plastik oder auch Hartholz in Stab- oder auch Gitterform. Ein Teil der Züchter streut darauf entsprechend Stroh oder auch Heu. So kommen die Kaninchen mit Urin überhaupt nicht in Berührung. Andere wiederum bringen ihre Kaninchen so unter, dass in ihren Buchten auf dem Boden eine Stroh- oder Heuschicht, Sägemehl, Hobelspäne oder Strohpellets aufgebracht werden. Ein Urinablauf ist meist an der Rückwand vorhanden.

Ein immer größer werdender Teil von Züchtern bringt seine Tiere in sogenannten Kotschubladen unter. Dort wird wie vorgenannt eingestreut. Ein Urinablauf ist jedoch nicht vorhanden. Durch weiteres Nachstreuen mit gehäckseltem Stroh verdichtet sich das Streugut und es kommt so zu einer festgetretenen Einstreumatte. Der Vorteil dieser Haltungsmethode ist der doch recht zweckmäßige Mistvorgang. Eine Geruchsbelästigung der Tiere kann mit Stallsuper gut unterbunden werden. Die Tiere fühlen sich wohl.

Erfahrungsgemäß treten die meisten Schwierigkeiten an den Hinterläufen durch die Haltung auf Rosten, Gittern und dergleichen auf. Jedoch ist bei den anderen Haltungsarten stets darauf zu achten, dass die Einstreu auf dem Stallboden, mit der die Tiere in Berührung kommen, immer trocken sein sollte. Feuchte oder gar verunreinigte Stallböden, feuchtes Stallklima, lange Mistintervalle oder gar tropfende, undichte Trinkgefäße sind weitere Ursachen für wunde Läufe bei unseren Kaninchen.

Die richtige Fütterung

Nicht nur die Haltungsbedingungen sind Ursache für dieses Leiden. Auch fütterungsbedingt können diese Krankheitssymptome auftreten. Zu mastiges oder auch zu eiweißreiches Futter sollte man vermeiden. Die Futtermittelindustrie bietet heute ein ausgewogenes Alleinfutter in Pelletform an, das für unsere Kaninchen vollkommen ausreicht. Bei vielen Züchtern werden jedoch noch Sonnenblumenkerne, Gerste oder gar Sojaschrot beigegeben. Nicht selten treten dann gerade bei Rexen unliebsame Nebenerscheinungen wie Kahlstellen auf.

Eine Absetzung des Beifutters oder die Zugabe von Mineralien (Lecksteine) tragen dazu bei, dass sich die Läufe wieder regenerieren. Bewährt hat sich nach meinen Erfahrungen bzw. Recherchen bei anderen Züchtern vor allem, während der Genesungszeit die Bucht mit weichem Heu zu streuen und kürzere Mistintervalle einzulegen.

Die Fellbeschaffenheit

Auch spielt die Fellbeschaffenheit bei unseren Rexkaninchen eine Rolle bei der Anfälligkeit auf Kahlstellen. Träger von weichen oder auch grannenarmen Fellen sind öfter damit behaftet als Tiere, die ein grannigeres Fell (jedoch keine überstehenden Grannen) aufzuweisen haben. Ich spreche hier natürlich nur über Fellträger, die eine Haarlänge von 17 bis 20 mm haben.

Die Beobachtungen haben auch ergeben, dass Kaninchen, die mit der Felllänge an der untersten Grenze von 17 mm liegen und eine dünne Fellstruktur zeigen, stärker gefährdet sind als Tiere, deren Haarlänge bei 20 mm oder auch darüber liegt.

Gerade Rexe mit grannenarmem Fell sind auch haarungsbedingt eher mit Kahlstellen oder schwach behaarten Stellen behaftet.

Bei der Beschaffenheit der Fellstruktur ist wie bei den Haltungsbedingungen allein der Züchter gefordert. Durch ausgewählte gute Fellträger kann gerade in diesem Bereich vieles geändert und zur Gesundung des gesamten Zuchtstammes beigetragen werden.

Fellparasiten spielen bei Kahlstellen oder auch wunden Läufen bei Kaninchen eine ganz untergeordnete Rolle. Schädlingsbefall wurde in den seltensten Fällen festgestellt. Hierbei handelte es sich meist um Milben, die sich über die Innenseite der Schenkel zum Lauf hin ausbreiteten.

Behandlungen erkrankter Tiere mit Salben und anderen Medikamenten bringen nicht immer den gewünschten Erfolg, weil die Tiere größtenteils unruhig werden oder auch den angelegten Verband auf- oder gar abbeißen.

Es ist von ausschlaggebender Bedeutung, inwiefern die Haltungs- und Fütterungsbedingungen der erkrankten Rexkaninchen der Überprüfung standhalten. Sind keine der vorerwähnten Mängel feststellbar, so muss man mit allen züchterischen Möglichkeiten austesten, wo der Zuchtstamm Mängel in Bezug auf die Fellbeschaffenheit aufweist. Nur so kann Abhilfe für diese krankhafte Erscheinung an den Läufen der Kaninchen geschaffen werden.

Ich wünsche unseren Kaninchenzüchtern allgemein und besonders unseren Rexzüchtern gesunde und nicht anfällige Tiere. Unsere Preisrichterkollegen bitte ich die schwierige Situation der Rexzüchter zu verstehen und etwas mehr Toleranz walten zu lassen.

Schlussbetrachtung

Mit der Überarbeitung des Nachschlagewerkes „Rexkaninchen“ haben wir versucht, den heutigen Stand der Rexkaninchenzucht im Bereich des Zentralverbandes Deutscher Kaninchenzüchter nach bestem Wissen und den aktuellen Stand in den Rex-Clubs zu dokumentieren. Wir haben versucht, alle Vor- und Nachteile, welche die einzelnen Rex-Farbenschläge, ob groß, mittel oder verzwergt, in sich verbergen, offen darzulegen und darzustellen. In die Überarbeitung sind Erkenntnisse einzelner Rexzüchter sowie Berichte unseres früheren Zuchtwartes in der Arbeitsgemeinschaft Deutscher Rexzüchter, Franz Gerger aus dem LV Württemberg-Hohenzollern, sowie unseres jetzigen Zuchtwarts, Holger Schlange, eingeflossen.

Diesen Züchtern sei an dieser Stelle recht herzlich gedankt.

Mit der Rexzucht befassen sich im ZDRK-Bereich Züchter in Vereinen und solche, die außerdem dem Rex-Club in ihrem Landesverband angehören.

Diese Clubs haben sich wiederum zusammengeschlossen und gehören der Arbeitsgemeinschaft Deutscher Rexzüchter-Clubs (ADRC) an, die zurzeit 1200 Mitglieder zählt. Die ADRC gibt es bereits seit 1948. Durch Schulungen, Versammlungen und Züchtertreffen wird von dieser Seite ein großer Teil dazu beigetragen, die Rexzucht im Bereich des ZDRK entscheidend zu verbessern.

Außerdem werden durch die ADRC schon seit einigen Jahren Verbindungen zu den Rex-Clubs in Frankreich, Luxemburg, Schweiz und Belgien gepflegt sowie Schauen besucht und untereinander beschickt.

Viele gute Zuchttiere sind in den letzten Jahren so über europäische Grenzen zur Verbesserung der Zuchten gelangt.

Wie im Laufe unserer Aufarbeitung zu erfahren war, ist eine Neuauflage des Standards geplant. Da wir Rexzüchter noch ein paar Änderungen vorschlagen möchten, sind diese bei der einzelnen Rasse als Bestrebungen in der Zukunft angegeben.

Den Lesern dieses Nachschlagewerkes wünschen wir viel Spaß bei der Lektüre.

Ernst Gilcher
Erich Herren